patent

北京涉农专利分析

◎ 郑怀国　龚晶　张辉　著

中国农业科学技术出版社

图书在版编目（CIP）数据

北京涉农专利分析 / 郑怀国，龚晶，张辉著.
—北京：中国农业科学技术出版社，2017.9
ISBN 978−7−5116−3109−1

Ⅰ．①北…　Ⅱ．①郑…②龚…③张…　Ⅲ．①农业技
术—专利—研究报告—北京　Ⅳ．①S−18

中国版本图书馆 CIP 数据核字（2017）第 135300 号

责任编辑　徐　毅
责任校对　贾海霞

出 版 者　中国农业科学技术出版社
　　　　　北京市中关村南大街 12 号　邮编：100081
电　　话　（010）82106631（编辑室）（010）82109702（发行部）
　　　　　（010）82109702（读者服务部）
传　　真　（010）82106631
网　　址　http://www.castp.cn
经 销 者　各地新华书店
印 刷 者　北京富泰印刷有限责任公司
开　　本　787mm×1 092mm　1/16
印　　张　10.25
字　　数　230 千字
版　　次　2017 年 9 月第 1 版　2017 年 9 月第 1 次印刷
定　　价　140.00 元

《北京涉农专利分析》

参 著 人 员

郑怀国　龚　晶　张　辉　贾　倩　颜志辉

赵静娟　串丽敏　王甜甜　王爱玲　张晓静

秦晓婧　李凌云　常　卓　樊晓刚　董艳华

序

当前，中国经济发展进入新常态，创新引领发展的趋势更加明显。知识产权在推动我国现代化社会发展中的作用和地位越来越突出，已经成为我国科技创新的焦点。着眼未来，我国提出了知识产权战略纲要及知识产权强国建设，就深化知识产权领域改革，实行严格的知识产权保护，促进知识产权创造运用等作出了全面部署。

专利是衡量一个国家、地区、机构和产业领域技术实力和竞争能力的重要标志。据国家知识产权局发布的发明专利数据和排名显示，2016年我国国内发明专利拥有量首次超过100万件，是继美、日之后第三个国内发明专利拥有量突破百万件的国家，《专利合作条约》（PCT）专利申请增势强劲，我国"专利大国"地位愈加稳固。

农业作为国民经济的基础产业，与国家政局稳定、经济健康发展和人民幸福安康息息相关。当前，我国正处在传统农业向现代农业转变的关键时期，我国农业已经发展到必须依靠科技突破资源和环境约束、实现持续稳定发展的新阶段。发展现代农业，应把农业科技摆在更加突出的位置，大力增强农业科技创新能力，坚持不懈地推进农业科技进步。涉农专利无疑是农业科技创新能力的一个重要体现。

为了了解首都北京涉农领域的科技创新能力，推动北京涉农专利成果转化，促进北京涉农专利技术的转化与应用，加速先进农业技术成果向农业生产力的转化，带动北京农业科技创新与产业发展，北京市农林科学院农业信息与经济研究所对我国涉农领域的专利规模进行基础摸底，通过专利计量法对北京涉农领域专利从专利申请趋势、申请类型、行业分布、法律状态及失效原因、专利强度、专利维持时间、专利权人类型及排名等角度进行统计分析，并对国内外专利价值评价、科技成果转化模式及政策进行定性调研，结合案例分析法对专利转化成功案例进行剖析，归纳总结出专利成果转化的典型模式，建立一套涉农专利推广价值评价指标体系，并提出推动涉农专利转化的对策建议，为政府制定相应的政策提供参考。

本书利用专利计量学的方法，首次对北京地区涉农专利的状况及发展趋势进行分析，并提出具有科学性、实用性、可操作性的《涉农专利推广价值评价指标体系》，为辨析与遴选具有推广价值和应用前景的涉农专利提供了标准和依据。同时，本书对国内外专利成果转化的政策与模式进行了梳理，为今后政府部门制定涉农专利成果转化的相关政策法规、科研计划和奖励政策提供数据支持和理论依据。

本书的主要内容来自于北京市农村工作委员会《北京涉农专利遴选与推广》项目的研究成果，本书的撰写得到北京市农委、北京市农林科学院领导和相关科研管理部门的大力支持，得到相关科技领域专家、学者的指导，在此表示诚挚谢意！

孙素芬

2017 年 6 月

目　　录

第 一 章
概 述

第一节 引 言

专利是一种能体现一个国家、地区和机构科技竞争力的重要资源，在经济社会发展过程中发挥着越来越显著的驱动作用。近几年，在专利申请数量上，中国一路领跑世界。汤森路透知识产权与科技集团（下称汤森路透）发布的研究报告《创新在中国—— 中国专利活动发展趋势与创新的全球化》显示，我国在 2013 年的发明专利申请量超过日本与美国，成为全球专利产出总量最多的国家。世界知识产权组织发布的报告也显示，2014 年中国成为国际专利申请数量增幅最大的国家，中国在知识产权领域的快速发展已成为全球专利申请增长最主要的推动力。专利作为衡量一个国家、地区和企业的财富和竞争能力的重要标志，越来越受到国家政府、企业单位的重视，并将专利战略作为发展战略中的重要一环来考虑。

近年来，北京涉农专利的申请和授权数量呈上升趋势，逐渐成为重要的农业科技战略资源。如何利用好这些资源，支撑北京市农业顺利实现产业结构调整和发展方式转变，成为亟待解决的重大课题。

专利文献作为反映科学技术发展最迅速、系统和有效的信息载体，集技术、法律、经营和战略信息于一体，是知识产权的重要组成部分。根据世界知识产权组织的统计，专利文献中包含了世界上 95% 的研发成果，涵盖了较全面的科研情报信息。如果能够有效地利用专利情报，不仅可以缩短 60% 的研发时间，还可以节省 40% 的研发经费。因此，通过对专利文献的分析，可为政府部门在专利发展战略上的决策提供重要支撑，为政府制定相关的政策法规、科研计划、奖励机制和优惠措施，引导企业、研究机构和高校重视知识产权的保护，推进专利技术的实施和转化提供重要参考。

本报告利用专利计量法、文献调研法、案例分析法等情报研究方法，对北京市涉农专利相关数据做了详细分析与解读、对涉农专利转化成功案例进行了深度剖析、对国内外专利成果转化的政策与机制进行了梳理、对专利转化模式进行了归纳与总结，在此基础上提出了推进涉农专利健康发展的政策建议。同时，研究制定了涉农专利推广价值评价指标体系，拟为辨析与遴选具有推广价值和应用前景的涉农专利，提供参考标准和依据。

本报告可为涉农政府部门、企业、研究机构和高校等制定专利政策、进行专利布局、制定专利规划等提供参考。

第二节　主要概念与研究方法

一、主要概念

专利历史较为悠久。700 多年前，欧洲大陆出现了对发明人在一定期间内给予专用权利的情况。1474 年，威尼斯颁布了世界上第一部最接近现代专利制度的《威尼斯专利法》。1623 年，英国颁布了《垄断法规》，规定国家用专利的形式授予发明人特权，奠定了现代专利制度的基础，是专利制度发展史上的里程碑。1883 年，《保护工业产权巴黎公约》(Paris Convention on the Protection of Industrial Property，简称《巴黎公约》) 在巴黎缔结，最终成为各成员国制定有关工业产权时必须共同信守的原则，并起到协调作用。1970 年，《专利合作条约》(简称为 PCT) 在美国华盛顿签订，主要内容涉及专利申请的提交、检索及审查以及专利中包括的技术信息传播的合作性和合理性等。是继《巴黎公约》之后专利领域最重要的国际条约，是国际专利制度发展史上的又一个里程碑。

与发达国家相比，我国专利制度建立较晚，1984 年 3 月 12 日，颁布的《中华人民共和国专利法》标志着我国专利制度的建立。

如今，专利制度已经成为国际上通行的一种利用法律和经济的手段推动科技进步和经济社会发展的管理制度，是人们在国际经济贸易中必须遵循的一种保护知识产权的"游戏规则"。

（一）专利的含义

专利有 3 层含义：一是专利权的简称，指专利权人对发明创造享有的专利权，即国家依法在一定时期内授予发明创造者或者其权利继受者独占使用其发明创造的权利，这里强调的是权利。二是指受到专利法保护的创造发明，即专利技术，是受国家认可并在公开的基础上进行法律保护的专有技术。三是指专利说明书，专利说明书中载有发明内容的详细说明和受保护的技术范围。这种对发明进行公开的专利说明书，既是一种法律文献，又是较有价值的技术情报。

（二）专利的种类

在大多数国家里，专利通常就指发明专利。我国专利法规定的专利有发明专利、实用新型专利和外观设计专利三类。

1. 发明专利

我国专利法所称发明专利，是指对产品、方法或者其改进所提出的新的技术方案。我国专利法保护的发明包括产品发明、方法发明和改进发明 3 种。

2. 实用新型专利

我国专利法所称的实用新型专利，是指对产品的形状、构造或者其结合所提出的适于实用的新的技术方案。

实用新型专利和发明专利的不同之处主要有 2 点：一是实用新型专利所要求的技术水平，也就是创造性比发明专利所要求的水平低，也称之为"小发明"。二是实用新型专利的保护期限比发明专利的保护期限短。

3. 外观设计专利

我国专利法称的外观设计专利，是指对产品的形状、图案或者其结合以及色彩与形状、图案的结合所作出的富有美感并适于工业应用的新设计。

（三）专利的法律状态

1. 有效专利

通常所说的有效专利，是指专利申请被授权后，仍处于有效状态的专利。要使专利处于有效状态，首先，该专利权还处在法定保护期限内，另外，专利权人按规定缴纳了年费。

2. 失效专利

专利申请被授权后，因为已经超过法定保护期限或专利权人未及时缴纳专利年费而丧失了专利权或被任意个人或者单位请求宣布专利无效后经专利复审委员会认定，并宣布无效而丧失专利权之后的专利，称为失效专利。失效专利对所涉及的技术的使用不再有约束力。

（四）专利权人

专利权人是专利权的所有人及持有人的统称。即专利申请被批准时，被授予专利权的专利申请人。专利权人既可以是单位，也可以是个人。专利权人包括3种类型：

（1）发明人、设计人所在单位。企事业单位、社会团体、国家机关的工作人员执行本单位的任务或者主要是利用本单位物质条件所完成的职务发明创造，申请专利的权利属于该单位。

（2）发明人、设计人。发明人或者设计人所完成的非职务发明创造，申请专利的权利属于发明人或者设计人所有。

（3）共同发明人、共同设计人。由2个以上的单位或个人协作完成的发明创造，称为共同发明创造，完成此项发明创造的人称为共同发明人或共同设计人。除另有协议外，共同发明创造的专利申请权属于共同发明人，申请被批准后，专利权归共同发明人共有。

（五）专利申请日

国务院专利行政部门收到专利申请文件之日为申请日。如果申请文件是邮寄的，以寄出的邮戳日为申请日。

（六）专利权的期限

发明专利权的期限为 20 年，实用新型专利权和外观设计专利权的期限为 10 年，均自申请日起计算。专利权期限届满后，专利权终止。专利一旦失效，即不再受保护，该发明便进入公有领域，也就是说，权利人不再对该发明享有专有权，该发明可由他人进行商业性利用。

（七）优先权

优先权原则源自 1883 年签订的保护工业产权巴黎公约，目的是为了便于缔约国国民在其本国提出专利或者商标申请后向其他缔约国提出申请。所谓"优先权"是指，申请人在一个缔约国第一次提出申请后，可以在一定期限内就同一主题向其他缔约国申请保护，其在后申请可在某些方面被视为是在第一次申请的申请日提出的。换句话说，在一定期限内，申请人提出的在后申请与其他人在其首次申请日之后就同一主题所提出的申请相比，享有优先的地位。

（八）专利交易

专利交易是指将专利以有偿的方式在不同的经济主体间的转移。其中，买方取得专利使用权或所有权，卖方获得超额经济利润。专利交易是以货币为媒介的产权，包含产权的产品和服务的价值交换。

（九）专利实施许可

专利实施许可是指专利权人将其所拥有的专利技术许可他人实施的行为。在专利许可中，专利权人成为许可方，允许实施的人成为被许可方，许可方与被许可方要签订专利实施许可合同。这种合同只允许被许可方实施许可方的发明创造专利技术，而不转移许可方的专利所有权。

二、研究方法

本研究综合利用多种情报分析方法，从定性分析和定量分析两个角度开展。具体研究方法如下。

1. 专利计量法

专利计量法是指将数学和统计学的方法运用在专利研究中，以探索和挖掘专利文献的结构、数量以及变化规律等内在价值，发现趋势、规律和问题。本研究通过制定"涉农专利范畴分类表"，在专利数据库中提取相关的涉农专利，利用专利分析工具对涉农专利数据进行统计分析，从而了解北京涉农专利的现状，发现存在的问题。

2. 文献调研法

利用中外文文献数据库查找有关专利制度、专利转化模式、专利评价与评估等方面的研究文献，通过文献检索和对内容进行分析，归纳总结出专利的涵义、国内外专利制度的形成与演化，专利技术转化模式等。

3. 案例分析法

在研究一般现象与抽象的理论时，挑选一个或几个具体事件或个人、单位、地区、国家为具体研究对象，加以具体研究，通过观察、比较、分析，从中揭示出同类事物的一般规律。本研究通过对专利转化成功案例的剖析，归纳总结出专利成果转化的典型模式，为政府制定相应的政策提供参考。

第 二 章
涉农专利数据分析

第一节　数据范围与分析方法

一、涉农专利范畴分类

对涉农专利的分析是否客观、准确、科学，关键在于涉农专利数据集的提取是否全面、准确，做到最少的遗漏，最小的噪音。由于通过专利的 IPC 分类体系很难将涉农专利提取出来，因此，必须研究制定涉农专利范畴分类表。

本研究所说的涉农专利是指产生于种植业、林业、畜牧业和渔业等产业，包括与其直接相关的产前、产中、产后的专利，其主要客体是现代农业中的农业科技与成果。

在全面比较国民经济行业分类、中图分类等现有分类体系，并进行试检、验证，最终以国家知识产权局专利审查范畴分类和 IPC 分类为基础，通过组配，制定涉农专利范畴分类表，详见附录表 2-1。

二、数据范围

本研究数据范围为，申请日期在 1985 年 1 月 1 日至 2016 年 12 月 31 日的中国涉农发明专利和实用新型专利。检索数据库为国家知识产权局专利之星系统（内部专用数据库），检索日期为 2017 年 1 月 19 日。

专利之星—专利检索系统是在我国第一个专业专利文献检索系统 CPRS 的基础上，经过改进和优化而成的集专利文献检索、统计分析、定制预警等功能为一体的多功能综合性的专利信息服务系统。该系统完全针对专利文献特征进行设计，历经国家知识产权局专利审查员近 20 年的使用验证，检索结果精准、系统性能可靠。

需要说明的是，专利检索只能对已经公布的专利文献进行，已向有关机构提出专利申请但尚未公布的专利文献无法检索到。就中国专利而言，发明专利申请通常自申请日（有优先权的自优先权日）起 18 个月（要求提前公开的除外）才会公开，在检索日前未公开的专利文献不包括在本次检索范围内。

三、检索思路及结果

依据课题组所制定的《涉农专利范畴分类表》，通过构建检索式、数据检索和数据清洗，共获得中国涉农专利 486 648 件，其中，北京涉农专利 49 392 件。

四、分析方法

采用专利计量法对涉农专利数据进行多角度分析，并由农业领域专家、知识产权专家、技术转移专家对数据分析结果进行解读。

第二节　涉农专利申请情况分析

一、中国涉农专利申请情况

（一）涉农专利申请趋势分析

1985 年 1 月 1 日至 2016 年 12 月 31 日，中国涉农专利申请量为 486 648 件，呈 5 个发展阶段。

1. 缓慢增长阶段

1985—2000 年，中国专利申请量缓慢增长，从 1985 年的 1 272 件上升至 2000 年的 14 591 件。这段时期中国专利制度逐步建立，1984 年 3 月 12 日，第六届人民代表大会常务委员会第四次会议通过了《中华人民共和国专利法》。

1985 年 1 月 19 日，国务院批准颁发了专利法实施细则，1985 年 4 月 1 日专利法正式实施。之后，又经历了 1992 年、2000 年的二次修改。随着专利法及专利法实施细则的颁布实施，人们开始有了知识产权保护意识，相关的涉农专利申请随之出现，但是，这一阶段专利制度、专利概念刚刚进入大众视野，人们的知识产权保护意识还处于萌芽期，因此，涉农专利的申请数量增长较缓。

2．平稳阶段

2000—2007 年中国涉农专利申请量在 14 000 件上下浮动，进入相对平稳期，标志着我国的专利制度步入正轨。

3．极速增长阶段

这段时期，国家提出知识产权战略纲要，明确指出，以国家战略需求为导向，在现代农业、生物医药等技术领域超前部署，掌握一批核心技术的专利。相关政策的导向作用在涉农专利申请方面也有所体现，2007—2011 年涉农专利申请量迅速上升，2010 年申请量达到 44 330 件的峰值，2011 年虽略有下降，但仍有 44 178 件。在此期间，专利法经历了第三次修改，首先提出要进一步加强对专利权的保护，激励自主创新，促进专利技术的实施，推动专利技术向现实生产力转化，提高我国自主创新能力，完成建设创新型国家的目标；其次要保持与世界接轨。在此背景下，也促进了涉农专利的申请。

4．回落阶段

2011—2013 年，受专利申请资助奖励政策改变的影响，涉农专利申请量呈现迅速下降的趋势，由 2011 年的 44 178 件下降至 2013 年 20 669 件。

5．快速回升阶段

在此期间，随着知识产权强国建设的提出，知识产权和知识产权服务业得到政府的大力扶植，受相关政策等因素影响，2013—2015 年，专利申请量再次回升，2015 年申请量达 33 230 件，受发明专利保密期影响，已公开的 2016 年专利申请量为 25 736 件，如图 2-1 所示。需要说明的是，由于从专利申请到公开一般有一定的时滞（通常 18 个月后），因此，所述 2015 年和 2016 年的专利申请量并非实际申请量，在此仅供参考，下同。

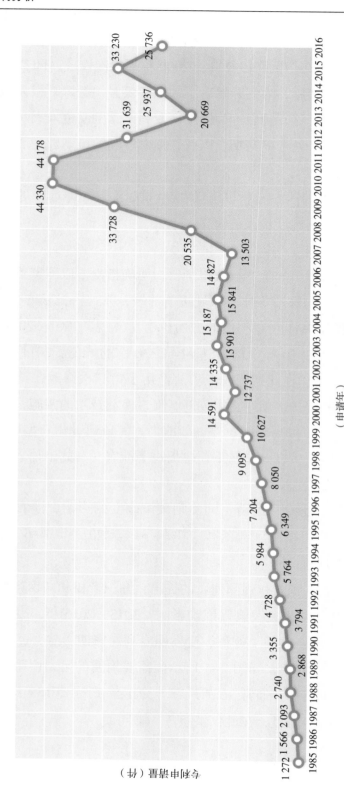

图2-1　中国涉农专利申请量年度趋势

（二）涉农专利申请省市分布

中国涉农专利申请总量为 486 648 件，分析其省市分布情况，涉农专利申请量排名前 10 名为北京、江苏、山东、浙江、广东、上海、安徽、四川、河南和黑龙江省（直辖市），大部分是东部沿海省市和农业大省，其中，北京市申请量最大，共 49 392 件，比排名第二的江苏省多出 3 542 件，山东省排名第三，共 34 645 件。具体情况如表 2-2、图 2-2 所示。

表 2-2　各省市涉农专利申请情况

省份	发明专利	实用新型专利	合计
北京	38 017	11 375	49 392
江苏	32 640	13 210	45 850
山东	18 765	15 880	34 645
浙江	12 852	12 773	25 625
广东	15 096	10 365	25 461
上海	16 889	4 220	21 109
辽宁	8 332	5 735	14 067
黑龙江	7 145	7 196	14 341
四川	8 036	7 954	15 990
河南	7 122	7 234	14 356
湖南	7 014	5 463	12 477
湖北	8 006	4 488	12 494
安徽	13 549	5 956	19 505
天津	7 470	2 935	10 405
福建	6 361	5 221	11 582
陕西	6 598	3 300	9 898
河北	4 343	4 934	9 277
云南	5 188	3 221	8 409
吉林	4 177	3 151	7 328
重庆	4 911	4 100	9 011
广西	5 534	2 772	8 306
新疆	2 535	3 813	6 348
山西	3 141	2 085	5 226
台湾	1 053	3 391	4 444
甘肃	3 074	2 844	5 918
内蒙古	1 804	2 112	3 916

（续表）

省份	发明专利	实用新型专利	合计
江西	2 191	1 827	4 018
贵州	2 745	1 436	4 181
海南	1 743	814	2 557
宁夏	877	673	1 550
青海	458	332	790
香港	298	222	520
西藏	184	63	247

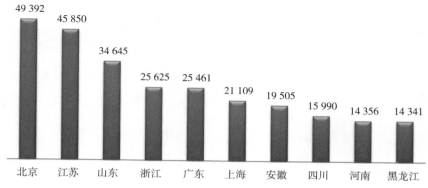

图2-2 中国涉农专利申请量按省份排名TOP10

在北京市农业GDP仅占全市总量的0.6%（据统计，2015年北京地区生产总值23 014.59亿元，第一产业生产总值140.21亿元）的情况下，北京涉农专利申请量在全国排第一位，可以看出北京市农业具有较强的创新力和竞争力。

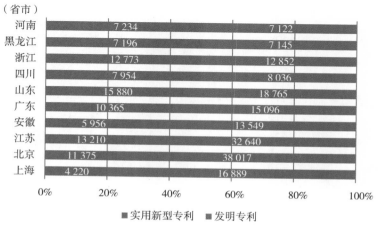

图2-3 中国涉农专利申请排名前10省市的发明专利申请占比

发明专利因其技术含量相对较高，成为国际上公认的反映自主知识产权技术拥有量的核心指标，分析涉农专利申请量排名前 10 的省市发明专利与实用新型专利占比情况，由图 2-3 可见，上海市的涉农专利中发明专利申请量占比最高，约为 80%，涉农专利申请量排名第一的北京市，其发明专利申请量占比略低于上海，约为 77%，江苏省的发明专利申请量占比排名第三，约为 71%，涉农专利申请量排名第三的山东，其发明专利申请量占比相对偏低，约为 54%。从专利申请结构角度来看，上海、北京、江苏等省市相对较优，其发明专利占比显著超过实用新型专利，专利申请重心倾向于技术水平较高的发明专利，其涉农领域的创新水平较高。

（三）国外机构在华申请涉农专利分析

1985 年 1 月 1 日至 2016 年 12 月 31 日，中国涉农专利申请量为 486 648 件，其中国外机构在华专利申请量为 67 450 件，占 13.86%，如图 2-4 所示。

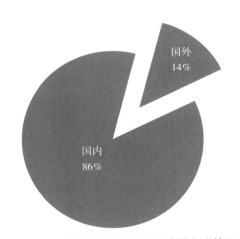

图 2-4　国外涉农专利在华申请量占比情况

中国涉农发明专利申请量为 324 828 件，其中，国外机构在华申请量为 66 680 件，占 20.53%，如图 2-5 所示。

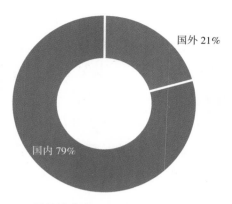

图 2-5　国外涉农发明专利在华申请量占比情况

中国涉农实用新型专利申请量为 161 820 件，其中，国外机构在华申请量为 725 件，占 0.45%，如图 2-6 所示。

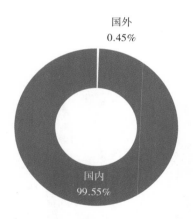

图 2-6　国外涉农实用新型专利在华申请量占比情况

从以上数据可以看出，随着我国知识产权保护环境日益改善，国外在华的专利活动不断加强，国外机构在华涉农专利申请量占有相当大的比例，且以发明专利为主。中国作为市场潜力巨大的发展中国家，正在发展成为亚洲的研发中心，许多农业跨国企业非常重视在中国市场的研发工作，抢占中国市场。跨国公司在华申请专利比重高的趋势从一定程度上反映了中国市场的重要性，说明中国市场具有重要的战略地位，农业跨国企业通过在中国大量申请专利企图实现技术垄断和市场布局。

（四）小结

1. 中国涉农专利申请大致包括缓慢增长阶段（1985—2000 年）、平稳阶段（2000— 2007 年）、极速增长阶段（2007—2011 年）、回落阶段（2011—2013 年）和快速回升阶段（2013—2015 年）5 个阶段，目前仍呈增长趋势。

2. 外国机构在涉农领域的来华申请占有相当大的比例，约占 14%，体现出国际对中国市场的关注和重视。

3. 中国涉农专利的本国申请主要集中在北京和江苏、山东等东部沿海省市；从专利申请量来看，北京、江苏、山东等省市具有较强的创新力和竞争力；从专利申请结构角度来看，上海、北京、江苏等省市相对较优，其发明专利占比显著超过实用新型专利，其涉农领域的创新水平较高。

二、北京涉农专利申请情况

（一）涉农专利申请趋势分析

1. 总体趋势

1985—2016 年度北京地区专利申请量为 828 109 件，其中，涉农专利申请量为 49 392 件，占北京地区专利申请总量的 5.63%，如图 2-7 所示。从专利申请量占比来看，北京市农业领域的专利申请偏少，一方面可能与北京市农业产值在全市生产总值的占比较小有关；另一方面的原因可能是农业领域从业人员的知识产权意识不强，不注重相关研究成果的保护。

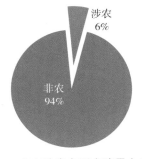

图 2-7 北京涉农专利申请量占比情况

　　从发展趋势上看，北京市涉农专利申请量年度趋势与中国涉农专利申请量年度趋势吻合。1985—2001 年，申请数量呈缓慢增长趋势，至 2002 年突破了 1 000 件，达 1 301 件；之后经历了一个相对平稳期，在千余件浮动。自 2007 年起，我国对知识产权的重视度不断提升，国家层面出台了《国家知识产权战略纲要》，将知识产权上升到战略地位，北京市出台了《北京市专利申请资助金管理暂行办法》等一系列专利资助政策，随着北京市农业科技的发展及全民知识产权保护意识的增强，涉农专利的申请数量迅速攀升，至 2011 年达到峰值 3 592 件。短暂平稳一年之后，随着《北京市"十二五"时期知识产权（专利）事业发展规划》《北京市专利保护和促进条例》等相关政策法规的实施，受专利保护政策等因素的影响以及政府明显降低专利代理行业准入门槛和免费开放五国专利信息资源，从 2013 年起，专利申请量再次急速上升，2015 年达到峰值，为 6 984 件。由于发明专利自申请日起未满 18 个月属于保密期，不被公布（申请人未提出提前公布），因此，2016 年专利申请量暂为 3 906 件，如图 2-8 所示。

2. 发明专利申请趋势分析

　　1985—2016 年，北京市涉农发明专利申请量年度趋势与中国涉农专利申请量年度趋势相符。1985—2001 年申请数量呈缓慢增长趋势，这一阶段是我国专利制度建立初期，人们知识产权意识薄弱，以专利形式来保护发明创造的情况较少；至 2002 年突破了 1 000 件，达 1 080 件；2007 年申请量最少，仅 680 件；2008 年，北京市针对发明专利出台了《北京市发明专利奖励办法》，通过设置发明专利奖项和奖金，鼓励创新成果取得专利权，提高发明专利质量，这期间，北京市发明专利申请量呈快速上升趋势，到 2015 年达到峰值，其发明专利申请量达 5 075 件，是 2007 年最低值的 7.46 倍；2016 年申请量为 2 896 件，随着发明专利逐渐公开，2015—2016 年申请量将进一步上升（图 2-9）。

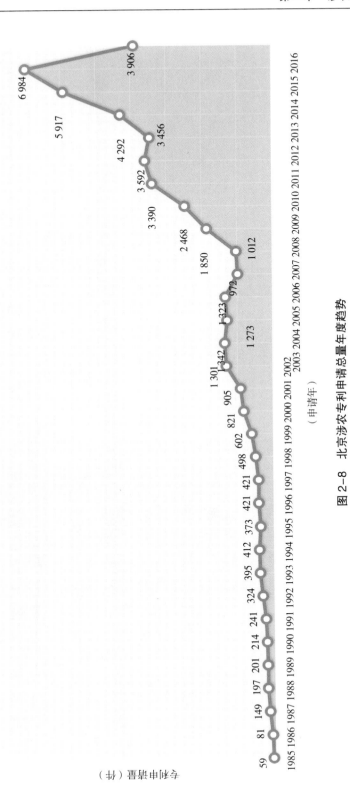

图 2-8　北京涉农专利申请总量年度趋势

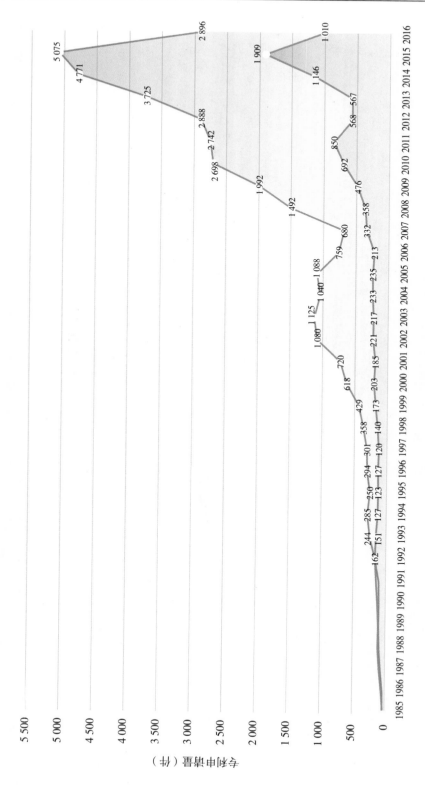

图 2-9　北京涉农发明与实用新型专利申请量年度趋势

3.实用新型专利申请趋势分析

相对于发明专利，实用新型专利的申请量年度走势较为平稳，2005—2011年实用新型专利申请量总体呈现缓慢平稳增长的趋势，2006年申请数量最少，仅213件。峰值出现在2011年，达到850件，是2006年最低值的3.99倍；之后申请数量也呈下降趋势，2012—2013年申请量维持在560余件；2014—2015年申请量迅速上升，峰值出现在2015年，为1 909件；2016年有所下降，申请量为1 010件（图2-9）。

（二）涉农专利申请类型分析

1985—2016年度北京涉农专利（不含外观设计专利）申请量为49 392件，其中，发明专利38 228件，占77%；实用新型专利11 164件，占23%。北京涉农发明专利申请数量是实用新型专利申请数量的3.4倍，如图2-10所示。从专利申请结构角度来看，北京市的发明专利占比显著超过实用新型专利，说明其专利申请重心向技术水平较高的发明专利倾斜，其涉农领域的创新水平较高。

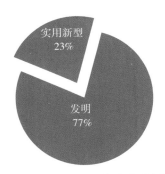

图2-10 北京涉农专利申请类型占比情况

（三）涉农专利申请行业分布分析

1.行业分布总体情况

依据涉农专利范畴分类，将北京涉农专利分为12个行业，对行业分布情况进行分析。各类专利申请的数量，如表2-3所示。

表 2-3　北京涉农专利申请行业分布情况

行业分类	专利数量（件）
生物技术	23 096
农业机械	14 654
种植业	7 245
食品	6 656
农业信息化	3 311
农药	2 184
养殖业	1 986
其他	1 376
肥料	1 323
饲料	1 009
能源与环境	842
水产业	450
总计	49 392

生物技术类专利申请数量最多，23 096 件，占 47%；农业机械类排名第二，14 654 件，占 30%；排名第三位的是种植业，7 245 件，占 15%；排名第四位的是食品类，6 656 件，占 13%；其他各类比例较小，均小于 10%；如图 2-11 所示。

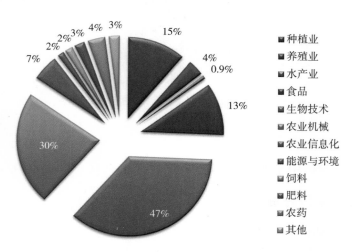

图 2-11　北京涉农专利申请行业分布

专利申请量与技术创新能力有一定的相关性，一般来说，某一行业的专利申请量大，说明该行业的技术创新能力较强。结合上图数据，可以发现生物技术、农业机械、种植业和食品类这4个领域的技术创新能力较强。

要说明的是，因专利所属类别有交叉情况存在，即1件专利有同属2个及以上类的情况，因此，各类专利数量的总和大于申请专利的总件数。

2.发明专利行业分布情况

从发明专利申请的情况看，生物技术类专利仍占绝大份额，21 784件，占57%，；排名第二位的是农业机械类，5 624件，占15%；食品业类排名第三，4 904件，占13%；排名第四位的是种植类，3 671件，占10%；其他各类比例较小，均小于10%；如表2-4、图2-12所示。

表2-4　北京涉农发明专利申请行业分布情况

行业分布	专利数量（件）
生物技术	21 784
农业机械	5 624
食品	4 904
种植业	3 671
农业信息化	2 235
农药	1 780
其他	1 197
肥料	1 135
饲料	901
养殖业	727
能源与环境	549
水产业	126
总计	38 228

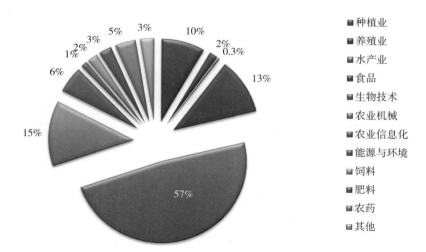

图 2-12 北京市涉农发明专利申请行业分布

与实用新型专利相比，发明专利更能体现创造性和技术水平，由图 2-12 可见，生物技术作为农业高新技术，在创新性上显著优于其他各类。

3. 实用新型专利行业分布情况

从实用新型专利申请的情况看，农业机械类专利最多，9 030 件，占 81%，占绝对优势；种植业类排名第二，3 574 件，占 32%。其他各类比例较小，如表 2-5、图 2-13 所示。

表 2-5　北京涉农实用新型专利申请行业分布情况

行业分布	专利数量（件）
农业机械	9 030
种植业	3 574
食品	1 752
生物技术	1 312
养殖业	1 259
农业信息化	1 076
农药	404
水产业	324
能源与环境	293
肥料	188

（续表）

行业分布	专利数量（件）
其他	179
饲料	108
总计	11 164

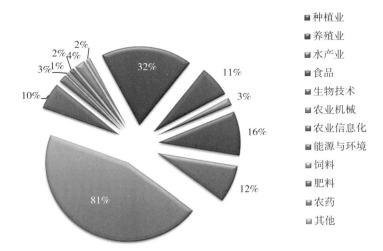

图 2-13　北京涉农实用新型专利申请行业分布

实用新型专利的创造性和技术水平较发明专利低，但实用价值大，相比于发明专利授权时间长、创新要求高、不易通过审查，实用新型专利审批程序较简单，审查时间较短，更容易获得授权。农业机械作为实用性较强的行业，为了尽快得到授权，应用于实际，申请实用新型专利较为常见，该领域实用新型专利明显多于其他行业。

（四）小结

1. 北京涉农专利申请量占北京地区专利申请总量的比例偏少，约为5.63%，一方面可能与北京市农业产值在全市生产总值的占比较小有关；另一方面的原因可能是农业领域从业人员的知识产权意识不强，不注重相关研究成果的保护。

2. 从申请趋势看，北京涉农专利申请量年度趋势与中国涉农专利申请量年度趋势基本吻合，当前处于增长阶段。

3. 北京涉农专利申请以发明专利申请为主，约占 77%，是实用新型专利申请数量的 3.4 倍；从专利申请结构角度来看，北京市发明专利申请占比显著超过实用新型专利申请占比，说明其涉农领域的创新水平较高。

4. 北京涉农专利申请行业排名前 3 名为生物技术、农业机械和种植业；涉农发明专利申请行业排名前 3 名为生物技术、农业机械和食品类；生物技术作为农业高新技术，在创新性上显著优于其他各类。涉农实用新型专利申请主要集中在农业机械类和种植类，体现出农业机械实用性强的行业特点。

第三节　北京涉农专利质量分析

一、专利法律状态分析

截至检索日期，2016 年 12 月 31 日以前北京涉农专利申请量为 49 392 件，其中，有效专利 17 667 件，无效专利 19 769 件，审中状态专利 11 956 件，有效专利量仅占北京涉农专利申请总量的 36%，如图 2-14 所示。

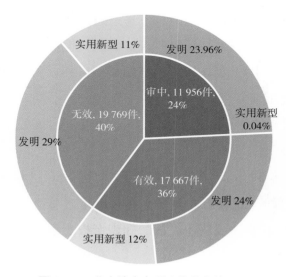

图 2-14　北京涉农专利法律状态情况

　　涉农发明专利申请量为 38 228 件，其中，有效专利为 11 981 件，占 31.3%；无效专利为 14 296 件，占 37.4%；由于发明专利的审查周期均在 18 个月以上，故截至检索日期处于审中状态的发明专利申请为 11 951 件，占 31.3%。

　　涉农实用新型专利申请量为 11 164 件，其中，有效专利为 5 686 件，占 50.9%；无效专利 5 473 件，占 49%，由于实用新型的审查周期 8~10 个月，故截至检索日期尚有 5 项专利处于审中状态。

二、专利失效原因分析

　　无效专利共计 19 769 件，其中，因未缴年费专利权终止的 9 832 件，占 50%；发明专利申请公布后视为撤回的 6 667 件，占 34%；发明专利申请公布后驳回的 2 223 件，占 11%；专利权有效期届满的 484 件，占 3%；专利权视为放弃的 211 件，占 1%；避免重复授权放弃专利权的 111 件，占 0.5%；发明专利申请公布后撤回的 86 件，占 0.41%；避免重复授予专利权的 68 件，占 0.3%；专利权主动放弃的 67 件，占 0.3%；专利权全部无效的 13 件；专利实施许可合同备案的注销的 3 件；专利权有效期的续展的 2 件；专利权的全部撤销 1 件；更正的 1 件；如图 2-15 所示。

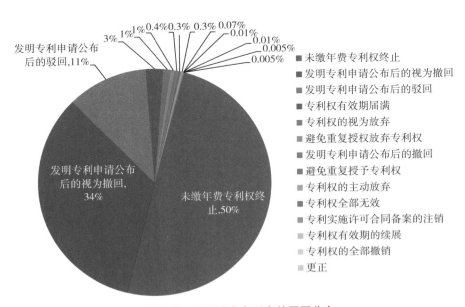

图 2-15　北京涉农专利失效原因分布

无效专利中有近 1/2 的专利是因未及时缴纳年费而终止，有近 1/3 的专利是由于逾期未办理相关手续而被视为撤回，真正有效期届满的专利仅占无效专利总量的 3%。这一现象反映出农业领域专利管理不善，由于专利申请后未定期进行进度跟进，未能及时办理相关手续、错过年费缴纳期限、未及时答复审查意见等原因，最终导致专利失效。因此，在实际的科技创新过程中，注重专利申请的同时，也应当重视专利的管理和维护工作，确保专利制度发挥知识产权保护作用。

另一方面，北京涉农有效专利比例偏低的现象，也反映出北京涉农领域专利技术本身创新力和市场竞争力不强、专利价值不高的现状。这一现状与专利申请的初衷和目的密切相关，由于申请专利不是出于对科研成果的保护、实施和转化的需要，而是为了完成科研项目任务、实现职称晋升、获得奖励荣誉等，因此，随着相关活动的结束，期间处于申请状态或授权状态的专利也会被束之高阁，最终成为失效专利。

三、有效专利维持时间分析

截至 2016 年 12 月 31 日，共检出北京涉农有效专利 17 667 件，其中，有效发明专利 11 981 件，有效实用新型专利 5 686 件。

（一）有效发明专利维持时间分析

发明专利保护期限是 20 年，专利的维持量先随时间延长逐渐增长，在第三年这个时间点达到峰值，为 2 571 件，随后随着维持时间的增长，有效发明专利的维持量在逐年下降，第三年到第九年下降幅度较大，之后趋于平缓，维持 15 年及以上（含 15 年）的专利极少，只有 447 件，约占 3.7%；专利维持 10 年及以上（含 10 年）的专利同样不多，有 1 902 件，约占 16%；50% 以上的有效发明专利的维持时间小于 5 年；如图 2-16 所示。

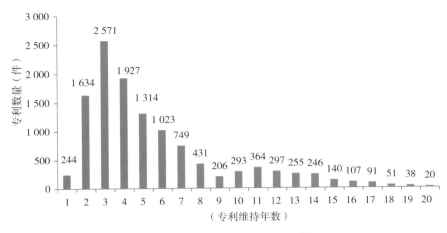

图 2-16　有效发明专利维持时间情况

一般而言，通过专利维持时间长短可以体现出专利的重要性，专利维持时间越长，表明其创造经济效益越大，市场价值越高，该专利属于重点专利。北京涉农有效发明专利的维持时间主要集中在 5 年之内，一方面反映出国内本领域创新主体掌握的专利以"短平快"型为主，总体技术水平不高，核心专利偏少；另一方面也说明创新主体在专利权的维持上可能存在困难，需要予以扶持。

（二）有效实用新型专利维持时间分析

实用新型专利保护期限是 10 年，专利的维持量在第一年即达到峰值，有 1 892 件，之后第二年和第三年连续 2 年快速下降，在第五年略有增长，达到 401 件，之后随着维持时间的增长，维持量在缓慢下降，从第五年到第八年，每年下降 100 余件，专利维持 10 年（含 10 年）的专利极少，只有 38 件，占 1.9%；维持 5 年及以上（含 5 年）的专利有 1 186 件，占 21%；如图 2-17 所示。

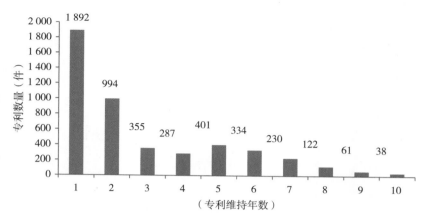

图 2-17　有效实用新型专利维持时间情况

四、有效专利专利强度分析

"专利强度"是专利价值判断的综合指标。专利强度受权利要求数量、引用与被引用次数、是否涉案、专利时间跨度、同族专利数量等因素影响，其强度的高低可以综合反应该专利的价值大小。通过 Innography 软件的专利强度分析功能，可快速从大量专利中筛选出核心专利，帮助判断该技术领域的研发重点。

Innography 按照"专利强度"值对相关专利进行分类：专利强度值为 0%~30%、30%~80%、80%~100% 的专利分别被称为相应技术领域的一般专利、重要专利、核心专利。本研究利用 Innography 的专利强度功能对涉农专利进行筛选，专利强度 80%~100% 的核心专利有 54 件，专利强度在 30%~80% 的重要专利有 3 441 件，占 19.6%，专利强度在 0%~30% 的一般专利有 14 056 件，占 80.1%。核心专利和重要专利占比较低。

五、小结

1. 北京涉农专利的申请量增长迅速，但北京涉农专利中的有效专利占比仅为 36%，40% 为无效专利；其中，发明专利中有效专利占 31.3%，无效专利占 37.4%，实用新型专利中有效专利和无效专利各占 50%。专利失效多因未缴年费、发明专利申请公布后未及时答复审查意见等专利管理不善导致。

2. 50% 以上的北京涉农有效发明专利的维持时间小于 5 年，维持 5 年及以上（含 5 年）的北京涉农有效实用新型专利仅占 21%。北京涉农专利维持时间短，核心专利和重要专利的比例不高。

3. 一般来说，任何具备一定经济理性的专利权人，面对每年都需要支付且逐年升高的专利维护费用，只有在专利预期经济收入足够高的情况下才会长时间维持专利。因未缴年费专利权终止和专利维持时间短的现象，一方面反映出北京市农业领域专利本身技术竞争力不够强，经济价值不高、专利管理欠缺等问题；另一方面可以推断出有相当一部分专利，专利权人在申请专利时，出于吸引投资、完成科研项目任务、晋升职称、荣誉等方面的需要，而并非为了知识产权保护和实施转化。

第四节　北京涉农有效专利情况分析

一、有效专利总体情况分析

（一）有效专利专利权人排名总体情况

从有效专利专利权人的排名总体情况来看，排名前 10 名的多为大专院校和科研院所。其中，中国农业科学院的有效专利最多，为 1 973 件；中国农业大学排名第二，1 875 件。中国石油化工股份有限公司、北京市农林科学院、中国科学院分列第三、第四、第五位。可见，在北京市农业领域，大专院校和科研院所是科技研发的主力，进入排名前 10 名的企业专利权人较少，只有中国石油化工和国家电网，这也说明农业领域的技术仍处于研究开发阶段，尚未进入成熟阶段，距离产业化和市场化应用有一定距离。中国农业大学、中国农业科学院这 2 个中央级单位在农业领域创新能力更强，而市属单位中，北京市农林科学院是农业科技创新的主要单位，如图 2-18 所示。

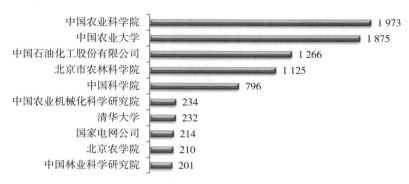

图 2-18　北京涉农行业有效专利专利权人排名情况（TOP10）

　　从专利权人为大专院校的有效专利排名情况来看，中国农业大学的有效专利最多，为 1 875 件；清华大学排名第二，232 件；北京农学院、北京林业大学、北京大学分列第三、第四、第五位，可见，农业类大专院校在本领域有较为显著的优势，如图 2-19 所示。

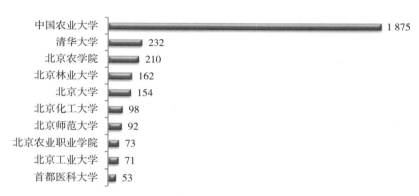

图 2-19　北京涉农行业有效专利专利权人（大专院校）排名（TOP10）

　　从专利权人为科研院所的有效专利排名情况来看，中国农业科学院的有效专利最多，为 1 973 件；北京市农林科学院排名第二，1 125 件。中国科学院、中国农业机械化科学研究院、中国林业科学研究院分列第三、第四、第五位。可见，排名前 10 名的科研院所中有 9 家为中央级单位，而市属单位中北京市农林科学院在科技创新中表现较为突出，如图 2-20 所示。

　　从专利权人为企业的有效专利排名情况来看，中国石油化工股份有限公司的有效专利最多，为 1 266 件，内容涉及处理含氨废水微生物菌群的生产方

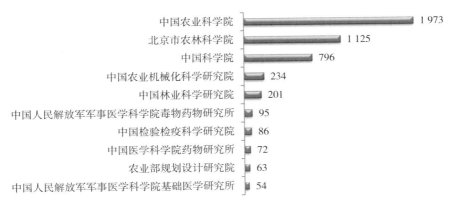

图2-20 北京涉农行业有效专利专利权人（科研院所）排名（TOP10）

法、用于石油污染物降解的液体微生物制剂等；国家电网公司排名第二，214件，内容涉及驱鸟器、防鸟装置等；中国石油天然气股份有限公司、北京大北农科技集团股份有限公司、中国石油化工集团公司分列第三、第四、第五位，如图2-21所示。

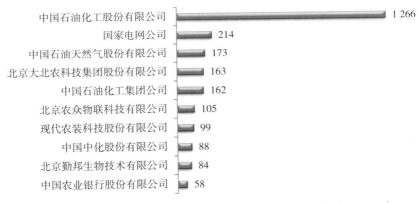

图2-21 北京涉农行业有效专利专利权人（企业）排名（TOP10）

（二）有效专利专利权人类型分析

1.有效发明专利专利权人类型分析

从发明专利专利权人类型来看，企业拥有的专利最多，达4 381件，占到北京涉农有效发明专利总量的37%；其次是科研机构，3 955件，占33%；大专院校排名第三，2 046件，占22%，如表2-6、图2-22所示。可见，在北京涉农领域科技创新方面，大专院校、科研院所和北京涉农企业基本形成三足鼎立的局面，并且北京涉农企业正逐渐成为本领域的研发主力，具有较高的研发水平。

表2-6　涉农有效发明专利专利权人类型分布情况

专利权人类型	数量
大专院校	2 651
科研机构	3 955
企业	4 381
个人	619
其他	375
合计	11 981

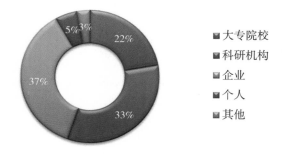

图2-22　北京涉农有效发明专利专利权人类型分析

2.有效实用新型专利专利权人类型分析

从实用新型专利专利权人类型来看，企业拥有的专利最多，共2 717件，占到北京涉农有效实用新型专利总量的48％；其次是科研机构1 426件，占25％；个人占13％；大专院校占11％。如表2-7、图2-23所示，企业拥有约半数的涉农实用新型专利，可见，企业作为市场的主体，直接对接市场需求，参与市场活动，实用价值是其科技创新考虑的主要因素，企业更青睐于实用性较强、实用价值大、审查程序相对简单，授权比较容易、快速的实用新型专利。

表 2-7　涉农有效实用新型专利专利权人类型排名

专利权人类型	数量
大专院校	620
科研机构	1 426
企业	2 717
个人	757
其他	166
合计	5 686

图 2-23　北京涉农有效实用新型专利专利权人类型分析

3. 主要专利权人类型专利申请趋势分析

由上述分析可知，北京涉农领域的主要专利权人类型是大专院校、科研机构和企业。通过对这三者进行专利申请年度趋势分析，由图 2-24 可见，在 2007 年之前，大专院校、科研机构和企业拥有的专利数量均较少。这一期间，

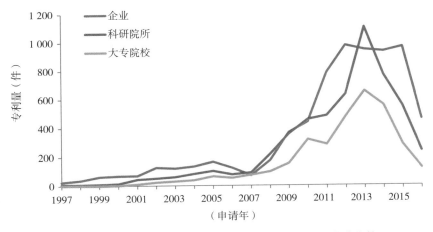

图 2-24　北京涉农有效专利主要专利权人类型专利申请趋势

我国知识产权制度处于起步阶段，专利概念尚未普及推广，国内公众整体的知识产权意识比较淡薄，加之，我国大专院校和科研机构的价值取向是论文导向，以论文发表、获奖为终极目标，考核评价制度多以科研论文和获奖为主，专利申请尚未纳入科研考评体系，故而形成了科研机构和大专院校专利偏少的局面。2007年之后，知识产权战略、现代农业发展等农业、科技创新相关政策的推动下，全民知识产权意识得到提升，专利的重要性得到广泛认可，专利逐渐纳入大专院校和科研机构考评机制，三类专利权人的涉农专利申请急剧增多。在2007—2010年，科研机构和企业的涉农专利量不相上下，科研机构与企业在涉农领域的创新实力呈现势均力敌的态势；2010年至今，除2013年之外，企业拥有的涉农专利显著多于科研机构和大专院校，可见，北京涉农企业在本领域技术研发和科技创新方面已具备较强实力，北京涉农企业具有较高的研发水平，逐渐成为本领域的创新主力。

（三）有效专利行业分布分析

从北京涉农有效专利行业分布分析可见（图2-25），北京涉农有效专利主要集中在生物技术、农业机械和种植业3个领域，可见，这3个领域是北京涉农行业研发的热点领域，同时，也说明这3个领域有较强的研发实力。

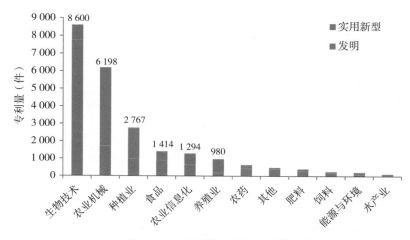

图2-25　北京涉农有效专利行业分布

生物技术领域在专利总量及发明专利总量方面显著多于农业机械类和种植

业，有效专利量为8 600件，其中，发明专利的占比达90%，说明生物技术领域的创新能力较优；生物技术领域的专利权人主要有中国石油化工股份有限公司、中国农业科学院和中国科学院等，企业专利权人专利比例较高，其专利申请内容涉及用于处理废水、降解石油污染物的微生物制剂等，说明该领域技术比较成熟，已经进入产业化阶段。

农业机械领域和种植业因其实用性较强，体现在专利方面，其实用新型专利量多于发明专利量，农业机械领域这一现象更为显著。农业机械领域的专利权人主要有中国农业大学、北京市农林科学院、中国农业科学院等，种植业的专利权人主要有中国农业大学、北京市农林科学院、中国农业科学院等，均以大专院校和科研机构为主，说明这2个领域仍处于技术研发阶段。

北京市在食品和农业信息化领域的有效专利量分别为1 414件和1 294件，食品领域的专利权人主要有中国农业科学院、中国农业大学和北京市农林科学院，企业专利占比较少，而且以实用新型专利为主，说明北京市食品业的高新技术主要由大专院校和科研机构所掌握，该领域尚未进入成熟期。农业信息化领域的专利权人以大专院校和科研机构为主，主要有北京市农林科学院、中国农业大学和中国农业科学院，其中，市属科研单位北京市农林科学院在专利总量和发明专利量方面显著多于其他两者，体现出其在农业信息化领域的研发实力。

北京市在养殖业、农药、肥料、饲料、能源与环境、水产业这几个领域的有效专利量均不足1 000件，反映出北京市农业发展的不均衡性，这些领域的发展相对缓慢，一方面可能是由于这些领域的科技创新不足；另一方面可能是这些领域的研发人员知识产权意识比较淡薄，不注重研发成果的保护和专利的布局。

（四）主要专利权人行业分布分析

对北京涉农有效专利数量超过1 000件的专利权人进行行业分布分析（图2-26），可见，排名前2位的是中国农业科学院和中国农业大学，因其农业科研院所和院校的属性，其涉农专利涵盖的行业范围较广，涉农专利主要分布在生物技术、农业机械和种植业3个大类，并以生物技术和农业机械的专利数量

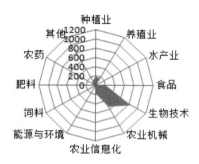

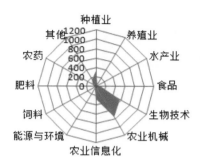

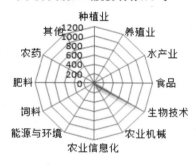

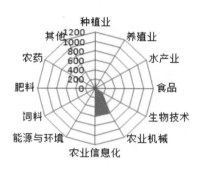

图 2-26 北京涉农行业有效专利主要专利权人行业分布

最多，说明两者在这 2 个领域具有较深厚的技术积淀；其中，中国农业科学院更侧重于生物技术类，中国农业大学则农业机械更优。排名第三的中国石油化工股份有限公司作为一家以石油化工为主要业务的企业，其在生物技术方面的技术储备充分体现出生物技术交叉学科的属性，该企业在生物技术领域的相关专利多数为发明专利，可见其在生物技术领域具有较强的研发实力。市属单位北京市农林科学院在农业信息化和农业机械领域有较多的研发成果，与排名前 3 位的专利权人相比，其在农业信息化领域的技术储备尤为显著，说明其在农业信息化领域的研发实力较强。

（五）小结

1. 从申请人排名来看，在北京市农业领域，大专院校和科研院所是科技研发的主力，具有较强的创新实力，以中国农业大学、中国农业科学院和北京市农林科学院为代表的农业大专院校和科研所掌握着北京市农业领域的主要科技成果。

2. 从有效专利总量来看，北京涉农企业拥有的专利显著多于科研机构和大专院校。这一现象与企业、科研机构和大专院校开展专利申请的目的密切相关，企业进行专利申请与维护，多数是出于对创新成果和核心技术保护的需要，其目的在于以专利作为开拓市场的契机，通过专利来进行市场布局与规划，提升其市场竞争力和市场份额；而科研机构和大专院校的专利申请多与科研项目立项、职称晋升、奖项评定等导向作用有关，以科技成果保护和转化为目的的专利申请较少，从而形成了企业在专利维护方面较优的现状。从专利申请趋势来看，近年来，北京涉农企业有效专利量从与科研院所基本持平逐渐向反超转变，反映出北京涉农企业在本领域技术研发和科技创新方面已具备较强实力，正逐渐成为本领域的创新主体。

3. 在北京涉农领域科技创新方面，大专院校、科研院所和北京涉农企业基本形成三足鼎立的局面。作为创新能力较强的科研机构和高校应探索将专利成果向企业转移的有效途径，实现产学研一体化。

4. 北京市涉农有效专利在行业层面的分布不均衡。生物技术、农业机械和种植业 3 个领域的北京涉农有效专利最多。生物技术领域发明专利较多，专利权人中企业占比较高，其创新能力较强，技术比较成熟，已进入了产业化阶段。农业机械和种植业的实用新型专利较多，其创新成果主要由大专院校和科研机构所掌握，处于技术发展阶段；北京市在食品类和农业信息化方面的专利储备一般，专利权人以大专院校和科研机构为主，尚未进入成熟期；北京市在养殖业、农药、肥料、饲料、能源与环境、水产业这几个领域的有效专利储备不足，反映出相关领域技术创新能力和知识产权保护意识的不足。

5. 北京涉农有效专利的主要专利权人有中国农业科学院、中国农业大学、中国石油化工股份有限公司和北京市农林科学院。中国农业科学院和中国农业大学涉农专利涵盖的行业范围较广，在生物技术和农业机械领域的科技成果较多；中国石油化工股份有限公司主攻生物技术领域的研发；北京市农林科学院在农业信息化领域的研发实力较强。

二、各行业分类有效专利情况分析

（一）种植类有效专利分析

1.专利 IPC 分布情况

从种植类有效发明专利的 IPC 分布可以看出：种植类主要在 A01G1（园艺、蔬菜的栽培）、A01G9（在容器、促成温床或温室里栽培花卉、蔬菜或稻）、A01H4（通过组织培养技术的植物再生）、A01G31（水培、无土栽培）等方面通过专利手段进行保护，如图 2-27 所示。

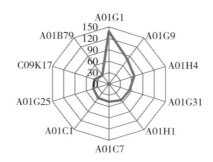

图 2-27　种植类有效发明专利 IPC 分布

从种植类有效实用新型专利的 IPC 分布可以看出：种植类主要在 A01G9（在容器、促成温床或温室里栽培花卉、蔬菜或稻）、A01G31（水培、无土栽培）、A01G25（花园、田地、运动场等的浇水）、A01G1（园艺、蔬菜的栽培）等方面通过专利手段进行保护，如图 2-28 所示。

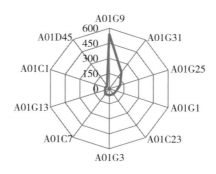

图 2-28　种植类有效实用新型专利 IPC 分布

2．专利权人排名分析

从发明专利专利权人排名前 10 位的机构来看，大专院校 3 家、科研院所 5 家、企业 2 家。其中，中国农业大学的有效发明专利最多，为 211 件；北京市农林科学院排名第二位，为 123 件；企业中以北京东方园林股份有限公司拥有的有效发明专利最多，为 22 件，排名第七位；如图 2-29 所示。

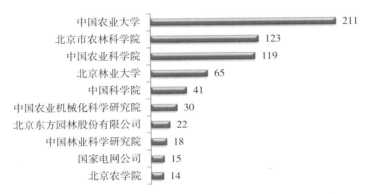

图 2-29 种植类有效发明专利专利权人排名（TOP10）

从实用新型专利专利权人排名前 10 名的机构来看，大专院校 1 家、科研院所 3 家、企业 5 家、个人 1 家。中国农业大学的有效实用新型专利仍是最多，为 113 件；北京市农林科学院排名第二位，为 102 件；企业中以北京农众物联科技有限公司拥有的有效实用新型专利最多，为 73 件，排名第三位；如图 2-30 所示。

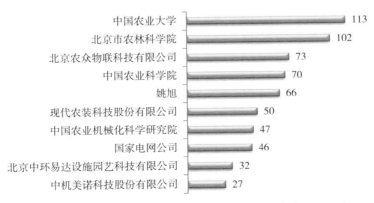

图 2-30 种植类有效实用新型专利专利权人排名（TOP10）

通过专利权人排名分析，可以发现，中国农业大学、中国农业科学院以及市属单位北京市农林科学院在种植业领域有较强的研发实力，集聚了北京市本领域大部分的创新成果。

3.专利权人类型分析

从发明专利专利权人类型来看，科研机构拥有专利最多，为369件，占北京市种植类有效发明专利总量的37%；其次是大专院校、企业、个人和其他；如表2-8、图2-31所示。

表2-8　种植类有效发明专利专利权人类型分析

专利权人类型	数量
科研机构	369
大专院校	351
企业	193
个人	52
其他	17

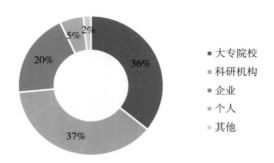

图2-31　种植类有效发明专利专利权人类型分析

从实用新型专利专利权人类型来看，企业拥有专利最多，为951件，占北京市种植类有效实用新型专利总量的53%；其次是个人、科研机构、大专院校和其他；如表2-9、图2-32所示。

表2-9　种植类有效实用新型专利专利权人类型分析

专利权人类型	数量
企业	951
个人	310
科研机构	288
大专院校	185
其他	51

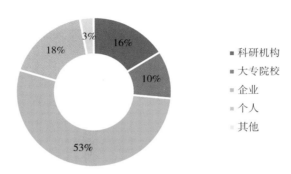

图2-32　种植类有效实用新型专利专利权人类型分析

从专利权人类别来看，企业已经占据了种植类发明专利中比较大的比重，其在实用新型专利中占据的比重超过科研机构与大专院校之和，这说明北京市种植业已比较成熟，进入产业化阶段，北京市种植领域企业正逐渐成为本领域科技创新的主体；另一方面，大专院校和科研机构拥有的种植类发明专利远远超过企业，可见，本领域高精尖技术成果主要集中在科研院所，企业侧重于实用性强创造性相对较弱的科技研发。

（二）养殖类有效专利分析

1. 专利 IPC 分布情况

从养殖类有效发明专利的 IPC 分布可以看出：养殖类主要在 A01K67（饲养或养殖其他类不包含的动物；动物新品种）、A01K1（动物的房舍；所用设备）、A01M29（惊吓或驱逐装置）、A01K31（禽类的房舍）、A61D7（向动物体内或体上引入固体、液体或气体药物或其他物质的器械或方法）等方面通过专利手段进行保护，如图2-33所示。

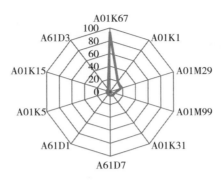

图 2-33　养殖类有效发明专利 IPC 分布

从养殖类有效实用新型专利的 IPC 分布可以看出：养殖类主要在 A01K1（动物的房舍；所用设备）、A01M29（惊吓或驱逐装置）、A01K67（饲养或养殖其他类不包含的动物；动物新品种）、A01K5（家畜和猎兽的饲喂装置）、A01K31（禽类的房舍）等方面通过专利手段进行保护，如图 2-34 所示。

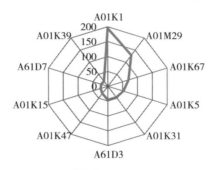

图 2-34　养殖类有效实用新型专利 IPC 分布

养殖类发明专利主要集中在在 A01K67 方面，其专利布局比较单一，保护内容主要为培育和饲养动物新品种的方法；实用新型的布局相对广泛，在饲养或养殖的装置、器械、房舍等养殖设施方面均有涉及。

2. 专利权人排名分析

从发明专利专利权人排名前 10 名的机构来看，大专院校 1 家、科研院所 5 家、企业 3 家，其他 1 家。其中，中国农业科学院的有效发明专利最多，为 58 件；中国农业大学次之，为 36 件；企业中以国家电网公司拥有的有效发明专利最多，为 14 件，排名第三位；北京市农林科学院排名第四位，为 9 件；

如图 2-35 所示。

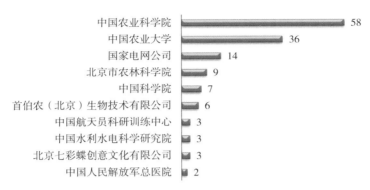

图 2-35 养殖类有效发明专利专利权人排名（TOP10）

从实用新型专利专利权人排名前 10 名的机构来看，大专院校 1 家、科研院所 2 家、企业 6 家、个人 1 家。其中，中国农业科学院的有效实用新型专利最多，为 111 件；企业中以国家电网公司拥有的有效实用新型专利最多，为 105 件，排名第二位，其内容涉及驱鸟器、防鸟装置等；北京市农林科学院排名第三位，为 42 件；如图 2-36 所示。

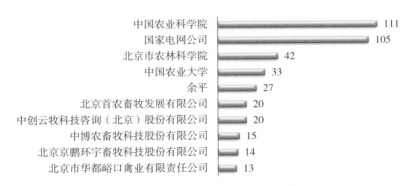

图 2-36 养殖类有效实用新型专利专利权人排名（TOP10）

通过上述专利权人排名可见，从专利总量和发明专利量来看，中国农业科学院、国家电网、中国农业大学和北京市农林科学院集聚了北京市养殖领域的主要科技创新成果，其中，中国农业科学院研发实力最强。

3. 专利权人类型分析

从发明专利专利权人类型来看，科研机构拥有专利最多，为85件，占北京市养殖类有效发明专利总量的43%；其次是企业、大专院校、个人和其他；如表2-10、图2-37所示。

表2-10 养殖类有效发明专利专利权人类型分析

专利权人类型	数量
科研机构	85
企业	44
大专院校	43
个人	14
其他	11

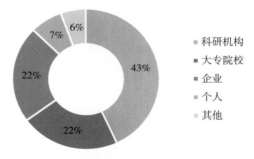

图2-37 养殖类有效发明专利专利权人类型分析

从实用新型专利专利权人类型来看，企业拥有专利最多，为393件，占北京市养殖类有效实用新型专利总量的50%；其次是科研机构、个人、大专院校和其他；如表2-11、图2-38所示。

表2-11 养殖类有效实用新型专利专利权人类型分析

专利权人类型	数量
企业	393
科研机构	171
个人	122
大专院校	53
其他	44

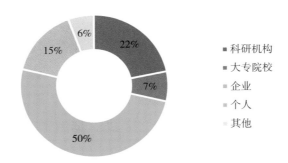

图 2-38 养殖类有效实用新型专利专利权人类型分析

养殖类专利的专利权人类型分布情况与种植类相似，企业在本领域拥有的发明专利占据了比较大的份额，其拥有的实用新型专利甚至超过了科研机构与大专院校之和，可见，北京市养殖业也是比较成熟的产业，已进入了产业化阶段，北京市畜牧企业在本领域已经有较强的优势，正逐渐成为研发的主力军。同样，可以看出大专院校和科研机构在发明专利持有量方面占绝对优势，说明其掌握着创造性强的高水平的科技成果。

（三）食品类有效专利分析

1. 专利 IPC 分布情况

从食品类有效发明专利的 IPC 分布可以看出：食品类主要在 A23L1（食品或食料、它们的制备或处理）、A23L2（非酒精饮料、其干组合物或浓缩物、它们的制备）、A23L33（改变食品的营养性质；营养制品；其制备或处理）、C12G3（其他酒精饮料的制备）、A23B7（水果或蔬菜的保存或化学催熟）等方面通过专利手段进行保护，如图 2-39 所示。

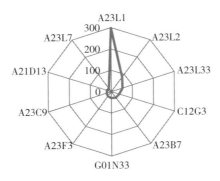

图 2-39 食品类有效发明专利 IPC 分布

从食品类有效实用新型专利的 IPC 分布可以看出：食品类主要在 A47J31（饮料制备装置）、A23L1（食品或食料、它们的制备或处理）、B65D85（专门适用于特殊物件或物料的容器、包装元件或包装件）、A23N12（用于清洁、漂白、干燥或烘焙水果或蔬菜，例如，咖啡、可可、坚果的机械）、A23P1（食料成型或加工）等方面通过专利手段进行保护，如图 2-40 所示。

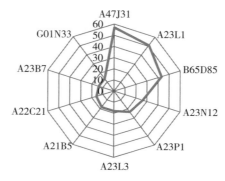

图 2-40　食品类有效实用新型专利 IPC 分布

食品类专利 IPC 分布分析显示食品类发明主要集中在 A23L1 方面，专利分布呈现单一方向突出的特点，即食品类的创新方向比较较单一和专一，主要技术创新集中在食品或食料的制备或处理方法上，在该方向上布局了较多的发明专利。食品类实用新型专利的 IPC 分布则比较均衡，在 A47J31、A23L1、B65D85 等方面均有相关专利布局，专利内容主要涉及食品前处理、生产、加工中的装置、机械、设备等，但专利总量不大。

2. 专利权人排名分析

从发明专利专利权人排名前 10 名的机构来看，大专院校 3 家、科研院所 4 家、企业 2 家、个人 1 家。其中，中国农业科学院的有效发明专利最多，为 167 件；中国农业大学和中国食品发酵工业研究院分别以 90 件和 21 件位居第二位和第三位；企业中以北京康比特体育科技股份有限公司拥有的有效发明专利最多，为 14 件，排名第六位；如图 2-41 所示。

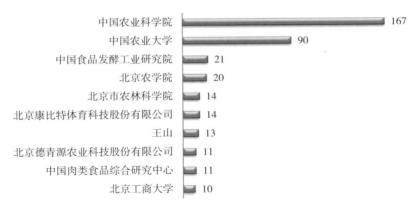

图 2-41　食品类有效发明专利专利权人排名（TOP10）

从实用新型专利专利权人排名前 10 名的机构来看，大专院校 1 家、科研院所 4 家、企业 5 家。其中，中国农业科学院的有效实用新型专利最多，为 39 件；北京市农林科学院排名第二位，为 19 件；企业中以北京艾莱发喜食品有限公司拥有的有效实用新型专利最多，为 13 件，排名第三位；如图 2-42 所示。

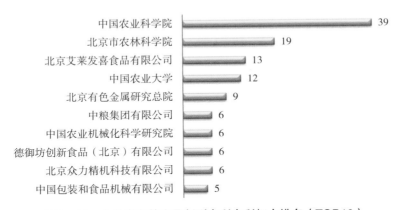

图 2-42　食品类有效实用新型专利专利权人排名（TOP10）

可见，中国农业科学院和中国农业大学从专利总量和发明专利量方面均拥有较强的优势，说明两者在食品领域具有较强的研发实力；北京市农林科学院在该领域的专利布局相对较少，研发实力较弱。

3. 专利权人类型分析

从发明专利专利权人类型来看，企业拥有专利最多，为 316 件，占北京市食品类有效发明专利总量的 35%；其次是科研机构、个人、大专院校和其他；如表 2-12、图 2-43 所示。

表 2-12　食品类有效发明专利专利权人类型分析

专利权人类型	数量
企业	316
科研机构	260
个人	193
大专院校	137
其他	8

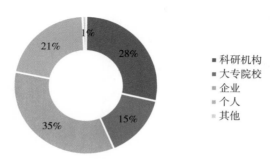

图 2-43　食品类有效发明专利专利权人类型分析

从实用新型专利专利权人类型来看，企业拥有专利也最多，为 248 件，占北京市食品类有效实用新型专利总量的 50%；其次是个人、科研机构、大专院校和其他；如表 2-13、图 2-44 所示。

表 2-13　食品类有效实用新型专利专利权人类型分析

专利权人类型	数量
企业	248
个人	144
科研机构	79
大专院校	22
其他	7

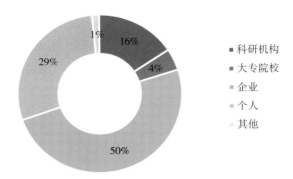

图 2-44　食品类有效实用新型专利专利权人类型分析

从专利权人类别来看，企业已经占据了食品类发明专利中比较大的比重，其发明专利占比超出科研机构和大专院校，实用新型专利占比超过科研机构与大专院校之和，占食品类实用新型专利的 50%，这说明北京食品业已进入成熟期，处于产业化阶段，北京市食品类企业已经成为本领域科技创新的主体。

（四）水产类有效专利分析

1. 专利 IPC 分布情况

从水产类有效发明专利的 IPC 分布可以看出：水产类主要在 A01K61（鱼类、贻贝、蜊蛄、龙虾、海绵、珍珠等的养殖）、A01K63（装活鱼的容器，例如，水族槽）、A01H13（藻类）、A01K77（捕鱼用抄网；捕鱼用捞网）等方面通过专利手段进行保护，如图 2-45 所示。

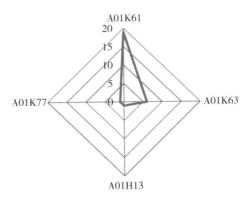

图 2-45　水产类有效发明专利 IPC 分布

从水产类有效实用新型专利的 IPC 分布可以看出：水产类主要在 A01K63（装活鱼的容器，例如，水族槽）、A01K61（鱼类、贻贝、蜊蛄、龙虾、海绵、珍珠等的养殖）、A01K73（拖曳式渔网）、A01K77（捕鱼用抄网；捕鱼用捞网）、A01K74（其他捕鱼网具或类似渔具）等方面通过专利手段进行保护，如图 2-46 所示。

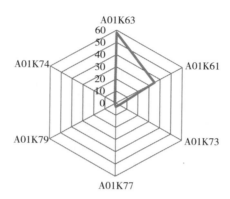

图 3-46　水产类有效实用新型专利 IPC 分布

2. 专利权人排名分析

从发明专利专利权人排名前 8 名的机构来看，企业 6 家、个人 1 家、其他 1 家。其中，北京顺通虹鳟鱼养殖中心、中国长江三峡集团公司、北京仁创科技集团有限公司和北京市水产技术推广站排名并列第一，均有 2 件专利，如图 2-47 所示。

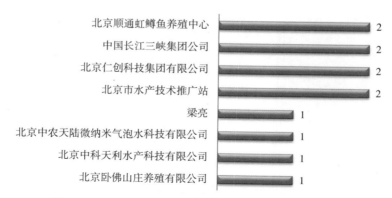

图 2-47　水产类有效发明专利专利权人排名（TOP10）

从实用新型专利专利权人排名前 10 位的机构来看，科研院所 1 家，企业 7 家、个人 2 家。其中，北京市农林科学院拥有的有效实用新型专利最多，为 7 件，企业中以国家电网公司拥有的有效实用新型专利最多，为 6 件，排名第二，内容涉及高效滤清装置、模拟淡水装置等，如图 2-48 所示。

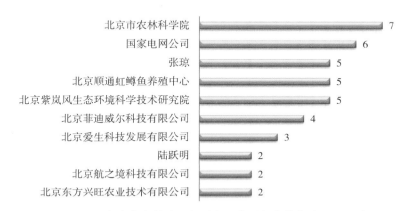

图 2-48 水产类有效实用新型专利专利权人排名（TOP10）

3. 专利权人类型分析

从发明专利专利权人类型来看，企业拥有专利最多，为 11 件，占北京市水产类有效发明专利总量的 41%；其次是科研机构、大专院校、其他和个人；如表 2-14、图 2-49 所示。

表 2-14 水产类有效发明专利专利权人类型分析

专利权人类型	数量
企业	11
科研机构	9
大专院校	4
其他	2
个人	1

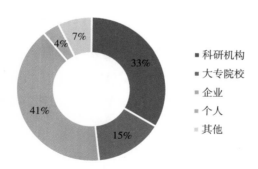

图 2-49　水产类有效发明专利专利权人类型分析

　　从实用新型专利专利权人类型来看，企业拥有专利最多，为44件，占北京市水产类有效实用新型专利总量的43%；其次是个人、科研机构、大专院校和其他；如表2-15、图2-50所示。

表 2-15　水产类有效实用新型专利专利权人类型分析

专利权人类型	数量
企业	44
个人	33
科研机构	16
大专院校	6
其他	2

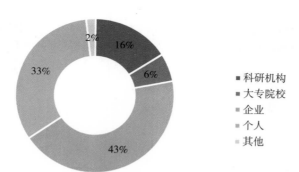

图 2-50　水产类有效实用新型专利专利权人类型分析

　　从专利量来看，北京市水产类专利偏少，其中，主要是实用新型专利，说明北京市水产领域科技创新不足，发展比较缓慢；从专利权人类型来看，北京市水产企业所拥有的发明专利和实用新型专利较多，其在北京市水产类有效专利中的占比较大，一方面说明水产业有较大的市场需求；另一方面也反映出北京市水产企业有较强的知识产权保护意识和研发实力。

（五）生物技术类有效专利分析

1.专利 IPC 分布情况

从生物技术类有效发明专利的 IPC 分布可以看出：生物技术类主要在 C12N15（突变或遗传工程；遗传工程涉及的 DNA 或 RNA，载体）、C12Q1（包含酶或微生物的测定或检验方法）、C12N1（微生物本身，如原生动物；及其组合物）、C07K14（具有多于 20 个氨基酸的肽；促胃液素；生长激素释放抑制因子；促黑激素；其衍生物）、G01N33（利用不包括在 G01N 1/00 至 G01N 31/00 组中的特殊方法来研究或分析材料）等方面通过专利手段进行保护，如图 2-51 所示。

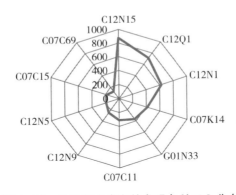

图 2-51　生物技术类有效发明专利 IPC 分布

从生物技术类有效实用新型专利的 IPC 分布可以看出：生物技术类主要在 C12M1（酶学或微生物学装置）、G01N33（利用不包括在 G01N 1/00 至 G01N 31/00 组中的特殊方法来研究或分析材料）、C12M3（组织、人类、动物或植物细胞或病毒培养装置）、C07C11（脂环不饱和烃）、A01H1（改良基因型的方法）等方面通过专利手段进行保护，如图 2-52 所示。

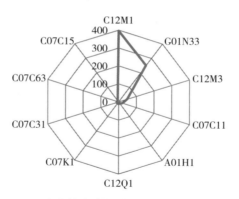

图 2-52　生物技术类有效实用新型专利 IPC 分布

2. 专利权人排名分析

从发明专利专利权人排名前 10 位的机构来看，大专院校 3 家、科研院所 4 家、企业 3 家。其中，中国石油化工股份有限公司的有效发明专利最多，为 1 243 件，内容涉及木质纤维原料生产乙醇的方法，微藻、黑霉菌、芽孢杆菌等微生物的培养方法，处理含氨废水微生物菌群的生产方法及用于石油污染物降解的液体微生物制剂等；中国农业科学院排名第二，为 825 件，如图 2-53 所示。

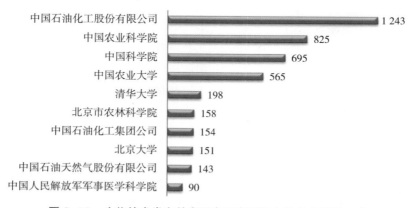

图 2-53　生物技术类有效发明专利专利权人排名（TOP10）

从实用新型专利专利权人排名前 10 位的机构来看，大专院校 1 家，科研院所 3 家、企业 6 家。其中，中国农业科学院的有效实用新型专利最多，为

27件；企业中以中国石油天然气股份有限公司拥有的有效实用新型专利最多，为17件，排名第二位；如图2-54所示。

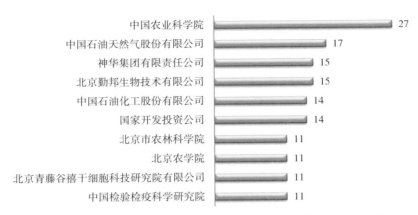

图2-54 生物技术类有效实用新型专利专利权人排名（TOP10）

综上分析，从专利总量和发明专利量方面看，中国石油化工股份有限公司和中国农业科学院具有显著优势，说明两者在本领域具有较强的研发实力，汇集了本领域多数的创新成果。

3.专利权人类型分析

从发明专利专利权人类型来看，企业拥有专利最多，为3 260件，占北京市生物技术类有效发明专利总量的42%；其次是科研机构、大专院校其他和个人；如表2-16、图2-55所示。

表2-16 生物技术类有效发明专利专利权人类型分析

专利权人类型	数量
企业	3 260
科研机构	2 448
大专院校	1 461
其他	329
个人	265

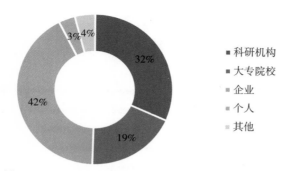

图 2-55 生物技术类有效发明专利专利权人类型分析

从实用新型专利专利权人类型来看，企业拥有专利最多，为591件，占北京市生物技术类有效实用新型专利总量的70%；其次是个人、科研机构、大专院校和其他；如表2-17、图2-56所示。

表 2-17 生物技术类有效实用新型专利专利权人类型分析

专利权人类型	数量
企业	591
个人	85
科研机构	82
大专院校	48
其他	31

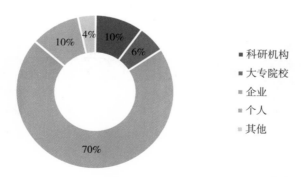

图 2-56 生物技术类有效实用新型专利专利权人类型分析

从专利权人类别来看，不论是发明专利还是实用新型专利，企业专利权人占据的比重均最大，尤其在实用新型专利中占据的比重高达70%，远远超过科研机构与大专院校之和，这说明北京市生物技术领域的技术已经比较成熟，已经进入产业化阶段，北京市生物技术企业已经成为本领域科技创新的主体。

（六）农业机械类有效专利分析

1. 专利 IPC 分布情况

从农业机械类有效发明专利的 IPC 分布可以看出：农业机械类主要在 C12M1（酶学或微生物学装置）、A01G9（在容器、促成温床或温室里栽培花卉、蔬菜或稻）、A01C7（播种）、A01G25（花园、田地、运动场等的浇水）、B01J23（不包含在 B01J 21/00 组中的，包含金属或金属氧化物或氢氧化物的催化剂）等方面通过专利手段进行保护，如图 2-57 所示。

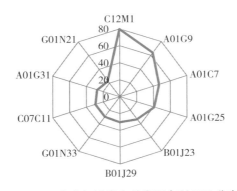

图 2-57 农业机械类有效发明专利 IPC 分布

从农业机械类有效实用新型专利的 IPC 分布可以看出：农业机械类主要在 A01G9（在容器、促成温床或温室里栽培花卉、蔬菜或稻）、C12M1（酶学或微生物学装置）、A01G31（水培；无土栽培）、A01K1（动物的房舍；所用设备）、A01M29（惊吓或驱逐装置）等方面通过专利手段进行保护，如图 2-58 所示。

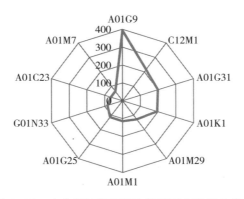

图 2-58　农业机械类有效实用新型专利 IPC 分布

2.专利权人排名分析

从发明专利专利权人排名前 10 位的机构来看，大专院校 2 家、科研院所 5 家、企业 3 家。其中，中国农业大学的有效发明专利最多，为 452 件；北京市农林科学院排名第二位，为 209 件；企业中以中国石油化工集团公司拥有的有效发明专利最多，为 60 件，排名第五位；如图 2-59 所示。

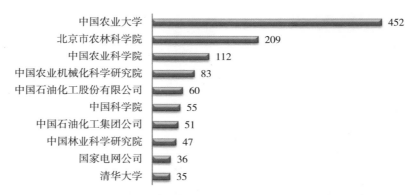

图 2-59　农业机械类有效发明专利专利权人排名（TOP10）

从实用新型专利专利权人排名前 10 名的机构来看，大专院校 2 家、科研院所 4 家、企业 3 家、个人 1 家。其中，中国农业科学院的有效实用新型专利最多，为 418 件；北京市农林科学院排名第二位，为 410 件；企业中以国家电网公司拥有的有效实用新型专利最多，为 168 件，排名第四位；如图 2-60 所示。

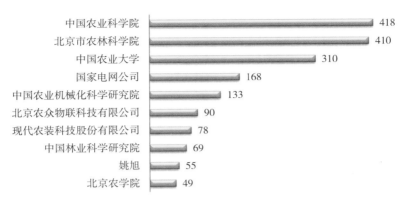

图 2-60　农业机械类有效实用新型专利专利权人排名（TOP10）

　　通过上述分析可见，中国农业大学、北京市农林科学院和中国农业科学院是本领域的佼佼者，中国农业大学从专利总量和发明专利量方面都有绝对优势，其中，发明专利量显著多于实用新型专利量，体现出其较强的农业机械研发实力；市属科研单位北京市农林科学院在本领域的也有较强的综合研发实力，与中国农业大学相比，其发明专利相对较少，实用新型专利占多数，体现出其技术创新的实用性较强，创新性相对不足。

　　3.专利权人类型分析

　　从发明专利专利权人类型来看，科研机构拥有专利最多，为 571 件，占北京市农业机械类有效发明专利总量的 33%；其次是大专院校、企业、个人和其他；如表 2-18、图 2-61 所示。

表 2-18　农业机械类有效发明专利专利权人类型分析

专利权人类型	数量
科研机构	571
大专院校	568
企业	476
个人	68
其他	34

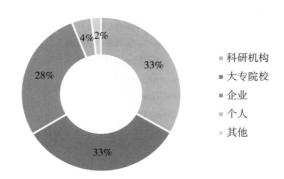

图 2-61　农业机械类有效发明专利专利权人类型分析

从实用新型专利专利权人类型来看，企业拥有专利最多，为 2 083 件，占北京市农业机械类有效实用新型专利总量的 46%；其次是科研机构、个人、大专院校和其他；如表 2-19、图 2-62 所示。

表 2-19　农业机械类有效实用新型专利专利权人类型分析

专利权人类型	数量
企业	2 083
科研机构	1 191
个人	598
大专院校	493
其他	116

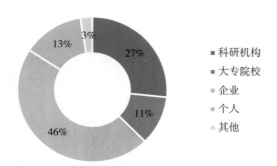

图 2-62　农业机械类有效实用新型专利专利权人类型分析

从专利权人类别来看，企业占据了农业机械类发明专利中比较大的比重，其在实用新型专利中占据的比重超过科研机构与大专院校之和，一方面这说明北京市农业机械业已比较成熟，进入产业化阶段，北京市农业机械企业正逐渐成为本领域科技创新的主体；另一方面，大专院校和科研机构拥有的农业机械类发明专利远远超过企业，可见，本领域高精尖技术成果主要集中在科研院所，企业侧重于实用性强，创造性相对较弱的科技研发。

（七）农业信息化类有效专利分析

1. 专利 IPC 分布情况

从农业信息化类有效发明专利的 IPC 分布可以看出：农业信息化类主要在 G01N21（利用光学手段，即利用红外光、可见光或紫外光来测试或分析材料）、G06F17（特别适用于特定功能的数字计算设备或数据处理设备或数据处理方法）、G06K9（用于阅读或识别印刷或书写字符或者用于识别图形，例如，指纹的方法或装置）、G01N27（用电、电化学或磁的方法测试或分析材料）、G06T17（用于计算机制图的 3D 建模）等方面通过专利手段进行保护，如图 2-63 所示。

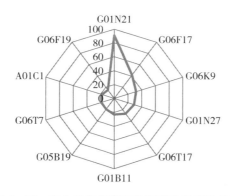

图 2-63 农业信息化类有效发明专利 IPC 分布

从农业信息化类有效实用新型专利的 IPC 分布可以看出：农业信息化类主要在 G01N21（利用光学手段，即利用红外光、可见光或紫外光来测试或分析材料）、G05B19（程序控制系统）、G01D21（未列入其他类目的测量或测试）、A01M7（用于本小类所列目的的液体喷雾设备的专门配置或布置）、G08C17（按采用的无导线电气线路表征的信号传送装置）等方面通过专利手段进行保护，如图 2-64 所示。

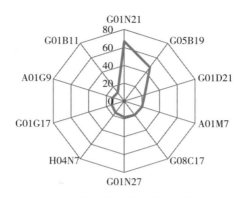

图 2-64　农业信息化类有效实用新型专利 IPC 分布

2. 专利权人排名分析

从发明专利专利权人排名前 10 位的机构来看，大专院校 1 家、科研院所 5 家、企业 4 家。其中，北京市农林科学院的有效发明专利最多，为 343 件；企业中以中国农业银行股份有限公司拥有的有效发明专利最多，为 36 件，排名第三位；如图 2-65 所示。

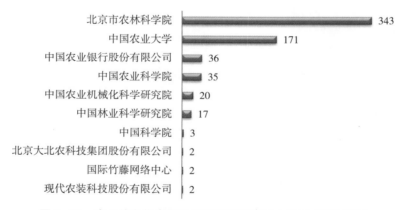

图 2-65　农业信息化类有效发明专利专利权人排名（TOP10）

从实用新型专利专利权人排名前 10 名的机构来看，大专院校 2 家、科研院所 3 家、企业 5 家。其中，北京市农林科学院的有效实用新型专利最多，为 268 件；企业中以北京中农宸熙科技有限公司拥有的有效实用新型专利最多，为 15 件，排名第五位；如图 2-66 所示。

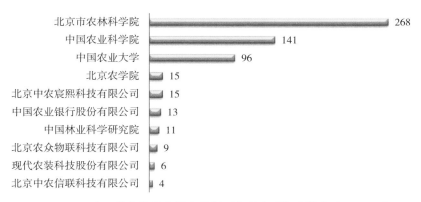

图2-66　农业信息化类有效实用新型专利专利权人排名（TOP10）

综上分析，北京市农林科学院、中国农业大学和中国农业科学院掌握这本领域的主要科技成果，北京市农林科学院从专利总量和发明专利量上有绝对优势，其发明专利多于实用新型专利，反映出北京市农林科学院在农业信息化领域深厚的科技积淀和较强的创新能力。

3.专利权人类型分析

从发明专利专利权人类型来看，科研机构拥有专利最多，为422件，占北京市农业信息化类有效发明专利总量的65%；其次是大专院校、企业、其他和个人；如表2-20、图2-67所示。

表2-20　农业信息化类有效发明专利专利权人类型分析

专利权人类型	数量
科研机构	422
大专院校	173
企业	50
其他	3
个人	1

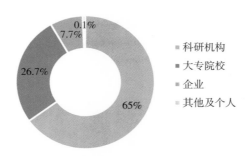

图 2-67　农业信息化类有效发明专利专利权人类型分析

从实用新型专利专利权人类型来看，科研机构拥有专利最多，为 428 件，占北京市农业信息化类有效实用新型专利总量的 66%；其次是大专院校、企业和其他；如表 2-21、图 2-68 所示。

表 2-21　农业信息化类有效实用新型专利专利权人类型分析

专利权人类型	数量
科研机构	428
大专院校	115
企业	98
其他	4
个人	0

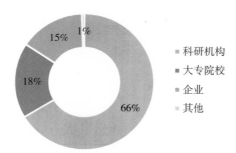

图 2-68　农业信息化类有效实用新型专利专利权人类型分析

从专利权人类别来看，科研机构在农业信息化类发明专利和实用新型中均占比最大，这说明北京市的科研院所在本领域有较强的研发实力，北京市本领域的高新技术主要由北京市科研机构所掌握，其中，以北京市农林科学院和中国农业科学院为代表；企业仅在实用性较强、创新性要求较低的农业信息化装置、系统、设施等方面进行了实用新型专利布局，反映出农业信息化领域现在处于发展期，尚未进入产业化阶段。

（八）能源与环境类有效专利分析

1.专利IPC分布情况

从能源与环境类有效发明专利的IPC分布可以看出：能源与环境类主要在C05F9（自家庭或市镇垃圾制成的肥料）、C02F3（水、废水或污水的生物处理）、C02F9（水、废水或污水的多级处理）、C05F3（人或动物排泄物制成的肥料，如粪肥）、C02F1（茶、茶代用品、其配制品）等方面通过专利手段进行保护，如图2-69所示。

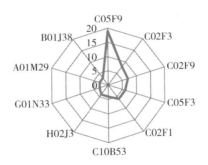

图2-69 能源与环境类有效发明专利IPC分布

从能源与环境类有效实用新型专利的IPC分布可以看出：能源与环境类主要在C05F9（自家庭或市镇垃圾制成的肥料）、C02F3（水、废水或污水的生物处理）、A01M29（惊吓或驱逐装置）、C10B53（专用于特定的固态原物料或特殊形式的固态原物料的干馏）、C02F1（茶、茶代用品、其配制品）等方面通过专利手段进行保护，如图2-70所示。

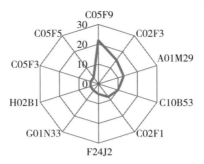

图 2-70　能源与环境类有效实用新型专利 IPC 分布

2. 专利权人排名分析

从发明专利专利权人排名前 10 名的机构来看，大专院校 3 家、科研院所 4 家、企业 3 家。其中，中国农业大学的有效发明专利最多，为 21 件；企业中以中国石油化工集团公司拥有的有效发明专利最多，为 12 件，排名第二位；如图 2-71 所示。

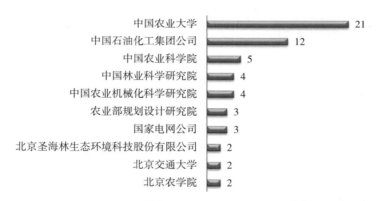

图 2-71　能源与环境类有效发明专利专利权人排名（TOP10）

从实用新型专利专利权人排名前 10 名的机构来看，大专院校 2 家、科研院所 4 家、企业 4 家。其中，农业部规划设计研究院的有效实用新型专利最多，为 20 件；企业中以国家电网公司拥有的有效实用新型专利最多，为 14 件，排名第二位；如图 2-72 所示。

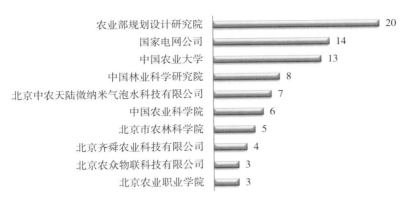

图 2-72　能源与环境类有效实用新型专利专利权人排名（TOP10）

中国农业大学、农业部规划设计研究院和国家电网公司是能源与环境类专利的主要拥有者，中国农业大学的特色在于通过微生物法处理畜禽粪便、废水，从而达到回收能源和环境保护的目的，创新性较强，多数为发明专利；为了减少电源输送过程中因鸟类造成线路故障的发生，国家电网公司的研发重点为驱鸟装置，实用新型专利居多；农业部规划设计研究院侧重于开发利用生物质能、太阳能、风能新能源所需设备、装置的实用新型专利布局。

3. 专利权人类型分析

从发明专利专利权人类型来看，企业拥有专利最多，为 37 件，占北京市能源与环境类有效发明专利总量的 40%；其次是大专院校、科研机构和个人；如表 2-22、图 2-73 所示。

表 2-22　能源与环境类有效发明专利专利权人类型分析

专利权人类型	数量
企业	37
大专院校	27
科研机构	20
个人	9
其他	0

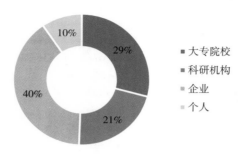

图 2-73　能源与环境类有效发明专利专利权人类型分析

　　从实用新型专利专利权人类型来看，企业拥有专利最多，为 60 件，占北京市能源与环境类有效实用新型专利总量的 45%；其次是科研机构、大专院校和个人；如表 2-23、图 2-74 所示。

表 2-23　能源与环境类有效实用新型专利专利权人类型分析

专利权人类型	数量
企业	60
科研机构	44
大专院校	16
个人	13
其他	0

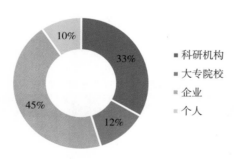

图 2-74　能源与环境类有效实用新型专利专利权人类型分析

　　能源与环境类专利中实用新型专利偏多，专利权人类型以企业为主，企业专利内容以实用性较强、创新性较弱的装置、设备改进为主，创新性要求较高的新方法、新设备的专利较少，一方面说明本领域具有较广的市场前景和较大的市场需求；另一方面也反映出该领域技术创新不足。

（九）饲料类有效专利分析

1. 专利 IPC 分布情况

从饲料类有效发明专利的 IPC 分布可以看出：饲料类主要在 A23K1（动物饲料）、A23K50（专门适用于特定动物的饲料）、A23K10（动物饲料）、A23N17(专用于制备牲畜饲料的设备装置)、A01K67（饲养或养殖其他类不包含的动物；动物新品种）等方面通过专利手段进行保护，如图 2-75 所示。

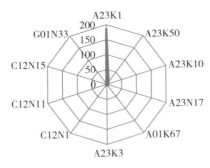

图 2-75　饲料类有效发明专利 IPC 分布

从饲料类有效实用新型专利的 IPC 分布可以看出：饲料类主要在 A23N17（专用于制备牲畜饲料的设备装置）、A23K1（动物饲料）、A23K30（专门适用于生产动物饲料原料的保存方法）、B02C4（应用辊子碾磨机的破碎或粉碎）等方面通过专利手段进行保护，如图 2-76 所示。

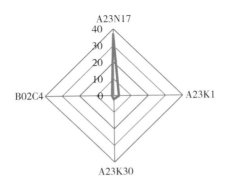

图 2-76　饲料类有效实用新型专利 IPC 分布

饲料类专利 IPC 分布分析显示，无论是发明专利还是实用新型专利都呈现单一类别分布的特定，其中，发明专利主要分布在 A23K1 类别，侧重于具有特定功能饲料及饲料添加剂的制备方法、配方及用途的保护，实用新型专利主要分布在 A23N17 类别，主要内容是制备牲畜饲料的设备装置。

2. 专利权人排名分析

从发明专利专利权人排名前 10 名的机构来看，大专院校 2 家、科研院所 2 家、企业 5 家、个人 1 家。其中，中国农业科学院的有效发明专利最多，为 44 件；企业中以北京大北农科技集团股份有限公司拥有的有效发明专利最多，为 32 件，排名第二位；如图 2-77 所示。

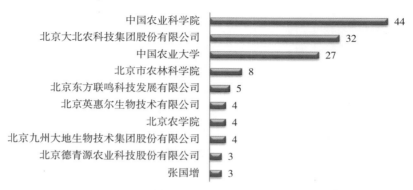

图 2-77　饲料类有效发明专利专利权人排名（TOP10）

从实用新型专利专利权人排名前 9 名的机构来看，科研院所 2 家、企业 8 家。其中，北京天缘泽牧饲料有限公司和北京大北农科技集团股份有限公司的有效实用新型专利最多，为 6 件；科研院所中以中国农业科学院拥有的有效实用新型专利最多，为 3 件，排名第五位；如图 2-78 所示。

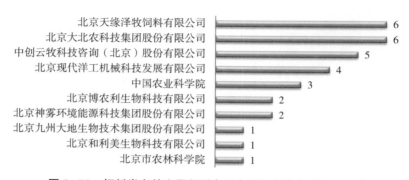

图 2-78　饲料类有效实用新型专利专利权人排名（TOP10）

综上可见，中国农业科学院、北京大北农科技集团股份有限公司、中国农业大学是饲料领域的主要专利权人，掌握着本领域的主要技术成果。中国农业科学院和中国农业大学通过发明专利对饲料及饲料添加剂制备方法、配方及使用进行全面保护，北京大北农除了对上述内容通过发明专利进行保护外，还对其生产加工过程中的设备、装置申请了实用新型专利，内容涉及投料、碎料、加料、分级筛存等饲料生产线的主要设备。

3. 专利权人类型分析

从发明专利专利权人类型来看，企业拥有专利最多，为 109 件，占北京市饲料类有效发明专利总量的 48%；其次是科研机构、大专院校、个人和其他；如表 2-24、图 2-79 所示。

表 2-24　饲料类有效发明专利专利权人类型分析

专利权人类型	数量
企业	109
科研机构	56
大专院校	34
个人	25
其他	1

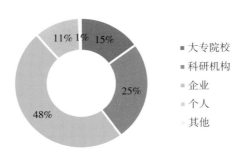

图 2-79　饲料类有效发明专利专利权人类型分析

从实用新型专利专利权人类型来看，企业拥有专利最多，为 32 件，占北京市饲料类有效实用新型专利总量的 75%；其次是个人、科研机构和大专院校；如表 2-25、图 2-80 所示。

表 2-25　饲料类有效实用新型专利专利权人类型分析

专利权人类型	数量
企业	32
个人	6
科研机构	4
大专院校	1
其他	0

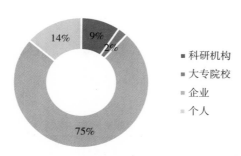

图 2-80　饲料类有效实用新型专利专利权人类型分析

从专利权人类别来看，在饲料类发明专利中，企业占比最大，超过科研机构和大专院校，其在实用新型专利中占据的比重高达 75%，这说明北京市饲料业已比较成熟，进入产业化阶段，以北京大北农为代表的北京涉农企业正逐渐成为本领域科技创新的主体。以中国农业科学院、中国农业大学为代表的北京大专院校及科研机构拥有较多的发明专利，反映出北京市农业大专院校及科研机构在本领的科技研发水平较高。

（十）肥料类有效专利分析

1. 专利 IPC 分布情况

从肥料类有效发明专利的 IPC 分布可以看出：肥料类主要在 C05G3（一种或多种肥料与无特殊肥效组分的混合物）、C05F11（其他有机肥料）、C05G1（分属于 C05 大类下各小类中肥料的混合物）、C05F17（以堆制肥料步骤为特征的肥料的制备）、C05F9（自家庭或市镇垃圾制成的肥料）等方面通过专利手段进行保护，如图 2-81 所示。

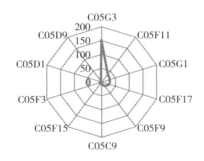

图 2-81 肥料类有效发明专利 IPC 分布

从肥料类有效实用新型专利的 IPC 分布可以看出：肥料类主要在 C05F17（以堆制肥料步骤为特征的肥料的制备）、C05F9（自家庭或市镇垃圾制成的肥料）、C05F3（人或动物排泄物制成的肥料，如粪肥）、C05F1（由动物尸体或脏器制成的肥料）、C05G3（一种或多种肥料与无特殊肥效组分的混合物）等方面通过专利手段进行保护，如图 2-82 所示。

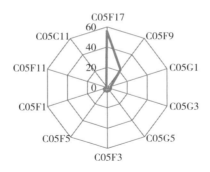

图 2-82 肥料类有效实用新型专利 IPC 分布

2. 专利权人排名分析

从发明专利专利权人排名前 10 名的机构来看，大专院校 3 家、科研院所 3 家、企业 3 家、个人 1 家。其中，中国农业科学院的有效发明专利最多，为 36 件；中国农业大学排名第二位，为 25 件；北京市农林科学院排名第三位，为 24 件；企业中以润禾泰华生物科技（北京）有限公司拥有的有效发明专利最多，为 17 件，排名第四位；如图 2-83 所示。

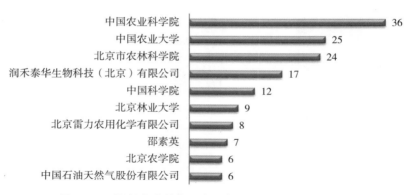

图 2-83　肥料类有效发明专利专利权人排名（TOP10）

从实用新型专利专利权人排名前 10 名的机构来看，大专院校 1 家、科研院所 4 家、企业 4 家、个人 1 家。其中，北京市农林科学院的有效实用新型专利最多，为 5 件；企业中以万若（北京）环境工程技术有限公司拥有的有效实用新型专利最多，为 4 件，排名第三位；如图 2-84 所示。

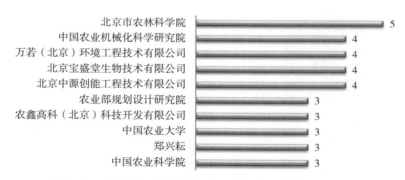

图 2-84　肥料类有效实用新型专利专利权人排名（TOP10）

中国农业科学院、北京市农林科学院和中国农业大学是肥料类专利的主要拥有者，三者的专利多数为发明专利，说明三者在本领域的研发实力较强。此外，企业专利权人润禾泰华生物科技（北京）有限公司也在本领域有不少的专利布局，间接反映出其在本领域的研发实力和市场地位。

3.专利权人类型分析

从发明专利专利权人类型来看，企业拥有专利最多，为 132 件，占北京市肥料类有效发明专利总量的 43％；其次是科研机构、大专院校、个人和其他；如表 2-26、图 2-85 所示。

表 2-26　肥料类有效发明专利专利权人类型分析

专利权人类型	数量
企业	132
科研机构	78
大专院校	49
个人	49
其他	1

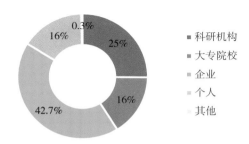

图 2-85　肥料类有效发明专利专利权人类型分析

从实用新型专利专利权人类型来看，企业拥有专利最多，为 54 件，占北京市肥料类有效实用新型专利总量的 51%；其次是个人、科研机构、大专院校和其他；如表 2-27、图 2-86 所示。

表 2-27　肥料类有效实用新型专利专利权人类型分析

专利权人类型	数量
企业	54
个人	24
科研机构	19
大专院校	6
其他	2

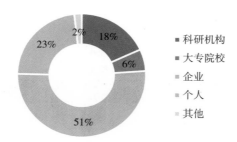

图 2-86　肥料类有效实用新型专利专利权人类型分析

从专利权人类别来看，从发明专利到实用新型专利，企业专利权人的占比均最大，一方面，说明北京市肥料业比较成熟，进入产业化阶段，以润禾泰华生物科技（北京）有限公司为代表的北京涉农企业正逐渐成为本领域科技创新的主体；另一方面，以中国农业大学、中国农业科学院、北京农林科学院为代表的北京市大专院校及科研机构在发明专利量方面有较大优势，反映出北京市农业大专院校及科研机构在本领域的科技研发水平较高。

（十一）农药类有效专利分析

1. 专利 IPC 分布情况

从农药类有效发明专利的 IPC 分布可以看出：农药类主要在 A01N43（含有杂环化合物的杀生剂、害虫驱避剂或引诱剂，或植物生长调节剂）、A01N25（以其形态、以其非有效成分、或以其使用方法为特征的杀生剂、害虫驱避剂或引诱剂，或植物生长调节剂）、A01N47（含有不属于环原子并且不键合到碳或氢原子的碳原子，有机化合物的杀生剂、害虫驱避剂或引诱剂，或植物生长调节剂）、A01N65（含有藻类、地衣、苔藓、多细胞真菌或植物材料，或其提取物的杀生剂、害虫驱避剂或引诱剂或植物生长调节剂）等方面通过专利手段进行保护，如图 2-87 所示。

从农药类有效实用新型专利的 IPC 分布可以看出：农药类主要在 A01M1（捕捉或杀灭昆虫的固定式装置）、A01M7（用于本小类所列目的的液体喷雾设备的专门配置或布置）、A01M3（非喷雾器或粉末撒布器一类的手动捕捉或杀灭昆虫的工具）、A01M13（熏蒸器；散布气体的设备）、A01M9（用于本小类所列目的的粉剂喷雾设备的专门配置或布置）等方面通过专利手段进行保护，如图 2-88 所示。

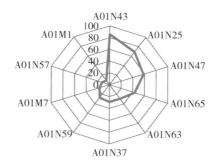

图 2-87 农药类有效发明专利 IPC 分布

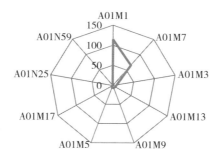

图 2-88 农药类有效实用新型专利 IPC 分布

2. 专利权人排名分析

从发明专利专利权人排名前 10 名的机构来看，大专院校 2 家、科研院所 3 家、企业 5 家。其中，中国农业科学院的有效发明专利最多，为 70 件；中国农业大学排名第二位，为 64 件；企业中以北京燕化永乐生物科技股份有限公司拥有的有效发明专利最多，为 23 件，排名第三位；如图 2-89 所示。

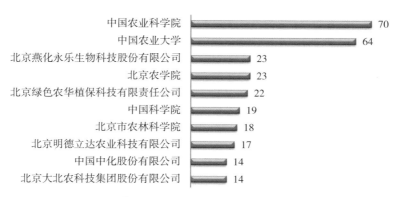

图 2-89 农药类有效发明专利专利权人排名（TOP10）

从实用新型专利专利权人排名前 10 名的机构来看，大专院校 1 家、科研院所 3 家、企业 3 家、个人 3 家。其中，北京市农林科学院的有效实用新型专利最多，为 50 件；企业中以现代农装科技股份有限公司拥有的有效实用新型专利最多，为 8 件，排名第三位；个人中以徐建成拥有的有效实用新型专利最多，为 7 件，排名第四位；如图 2-90 所示。

图 2-90 农药类有效实用新型专利专利权人排名（TOP10）

通过专利权人排名分析，可以发现，中国农业科学院、北京市农林科学院、中国农业大学在农药领域有较强的研发实力，集聚了本领域大部分的创新成果。其中，中国农业科学院与中国农业大学的发明专利较多，市属科研单位北京市农林科学院则以实用新型专利为主，从创新性看，中国农业大学和中国农业科学院更胜一筹。北京燕化永乐生物科技股份有限公司也拥有较多的发明专利，间接反映出其在本领域的研发实力及市场地位。

3. 专利权人类型分析

从发明专利专利权人类型来看，企业拥有专利最多，为 180 件，占北京市农药类有效发明专利总量的 41%；其次是科研机构、大专院校、个人和其他；如表 2-28、图 2-91 所示。

表 2-28　农药类有效发明专利专利权人类型分析

专利权人类型	数量
企业	180
科研机构	129
大专院校	103
个人	23
其他	3

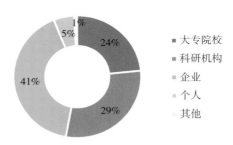

图 2-91　农药类有效发明专利专利权人类型分析

　　从实用新型专利专利权人类型来看，科研机构拥有专利最多，为 87 件，占北京市农药类有效实用新型专利总量的 41%；其次是企业、个人、大专院校和其他；如表 2-29、图 2-92 所示。

表 2-29　农药类有效实用新型专利专利权人类型分析

专利权人类型	数量
科研机构	87
企业	65
个人	40
大专院校	12
其他	8

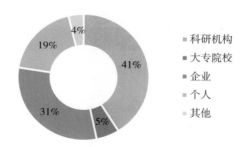

图 2-92　农药类有效实用新型专利专利权人类型分析

在农药领域，从专利总量和发明专利量看，企业拥有的专利量较多，说明企业在本领域有较强的研发实力，以北京燕化永乐生物科技股份有限公司为代表的北京涉农企业正逐渐成为本领域的研发主力，同时，也反映出农药领域的技术发展相对成熟，已经进入市场应用阶段。

（十二）其他相关类有效专利分析

1. 专利 IPC 分布情况

从其他相关类有效发明专利的 IPC 分布可以看出：其他相关类主要在A61K36（含有来自藻类、苔藓、真菌或植物或其派生物，例如，传统草药的未确定结构的药物制剂）、G01N30（利用吸附作用、吸收作用或类似现象，或者利用离子交换，例如，色谱法将材料分离成各个组分，来测试或分析材料）、G01N33（利用不包括在 G01N 1/00 至 G01N 31/00 组中的特殊方法来研究或分析材料）、A61K31（含有机有效成分的医药配制品）、C08B37（不包括在C08B 1/00 至 C08B 35/00 组内的多糖类的制备；其衍生物）等方面通过专利手段进行保护，如图 2-93 所示。

图 2-93　其他相关类有效发明专利 IPC 分布

从其他相关类有效实用新型专利的 IPC 分布可以看出：其他相关类主要在 G01N33（利用不包括在 G01N 1/00 至 G01N 31/00 组中的特殊方法来研究或分析材料）、G01N1（取样；制备测试用的样品）、G01B5（以采用机械方法为特征的计量设备）、A61B5（用于诊断目的的测量放射诊断入 A61B6/00；超声波、声波或次声波诊断入 A61B8/00）；人的辨识）、A47G7（花的支架或类似物）等方面通过专利手段进行保护，如图 2-94 所示。

图 2-94　其他相关类有效实用新型专利 IPC 分布

2. 专利权人排名分析

从发明专利专利权人排名前 10 名的机构来看，大专院校 2 家、科研院所 4 家、企业 4 家。其中，中国农业大学的有效发明专利最多，为 142 件；中国农业科学院排名第二位，为 98 件；企业中以北京大北农动物保健科技有限责任公司拥有的有效发明专利最多，为 37 件，排名第三位；北京市农林科学院排名第四位，为 23 件；如图 2-95 所示。

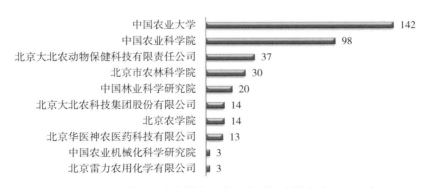

图 2-95　其他相关类有效发明专利专利权人排名（TOP10）

从实用新型专利专利权人排名前 10 名的机构来看，大专院校 3 家、科研院所 3 家、企业 4 家。其中，中国农业科学院的有效实用新型专利最多，为 20 件；北京市农林科学院排名第二位，为 13 件；企业中以北京中卫神农慢性病医学研究院有限公司拥有的有效实用新型专利最多，为 8 件，排名第五位；如图 2-96 所示。

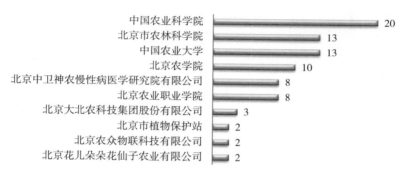

图 2-96　其他相关类有效实用新型专利专利权人排名（TOP10）

3. 专利权人类型分析

从发明专利专利权人类型来看，大专院校拥有专利最多，为 159 件，占北京市其他相关类有效发明专利总量的 39.4%；其次是科研机构、企业、个人和其他；如表 2-30、图 2-97 所示。

表 2-30　其他相关类有效发明专利专利权人类型分析

专利权人类型	数量
大专院校	159
科研机构	156
企业	85
个人	3
其他	1

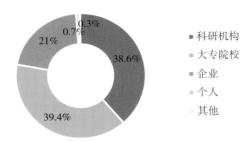

图 2-97　其他相关类有效发明专利专利权人类型分析

从实用新型专利专利权人类型来看，科研机构拥有有效实用新型专利最多，为 33 件，占北京市其他相关类有效实用新型专利总量的 36%；其次是大专院校、企业和其他；如表 2-31、图 2-98 所示。

表 3-31　其他相关类有效实用新型专利专利权人类型分析

专利权人类型	数量
科研机构	33
大专院校	31
企业	26
其他	2
个人	0

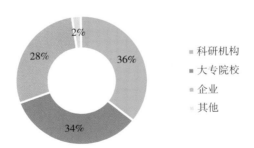

图 2-98　其他相关类有效实用新型专利专利权人类型分析

第五节　北京专利技术转移情况分析

本研究对 2010—2014 年度北京涉农专利技术交易、技术许可、技术输出及技术吸纳的情况进行了分析，分析所用数据由北京技术市场管理办公室提供。

一、专利技术交易情况

（一）北京专利技术交易总体情况

2010—2014 年度，北京市专利技术交易共 554 项，总成交额为 308 055.4 万元，成交项目数呈每年递增趋势，成交额 2011 年最高，为 148 171.5 万元，如图 2-99、图 2-100 所示。

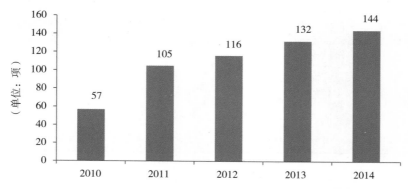

图 2-99　2010—2014 年北京专利技术交易情况（项数）

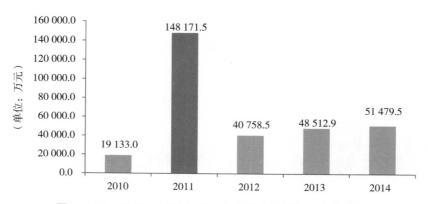

图 2-100　2010—2014 年北京专利技术交易情况（成交额）

专利技术交易的 554 项中，其中，发明专利 429 项，成交额为 246 194.3 万元；实用新型专利 117 项，成交额为 48 961.1 万元；外观设计专利 8 项，成交额为 12 900 万元；如图 2-101、图 2-102 所示。发明专利的技术交易项数和成交额都远远高于其他类型的专利。

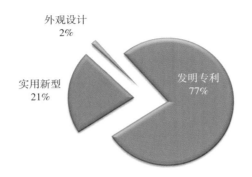

图 2-101　各类型专利技术交易占比情况（项数）

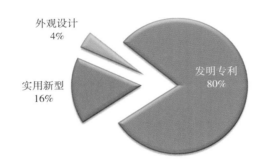

图 2-102　各类型专利技术交易占比情况（成交额）

从专利权人的类型来看，2010—2014 年度的 546 项专利技术交易（发明专利和实用新型专利）中企业 311 项、大专院校 107 项、科研院所 108 项、个人 17 项，其他 3 项，如图 2-103 所示。

2010—2014 年度的 546 项专利技术交易（发明专利、实用新型专利）总成交额为 295 155.3 万元，其中，企业 249 339.6 万元，大专院校 17 081.2 万元，科研院所 15 062.2 万元，个人 13 456.4 万元，其他 215.9 万元，如图 2-104 所示。

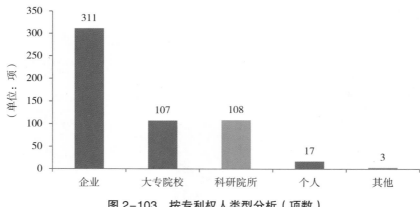

图 2-103　按专利权人类型分析（项数）

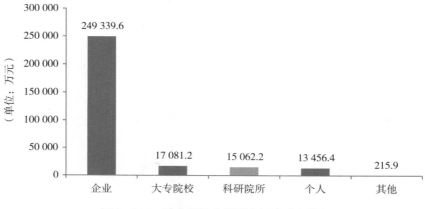

图 2-104　按专利权人类型分析（成交额）

企业专利技术交易项目数和成交额都远远高出大专院校、科研院所和其他类型的专利权人。

（二）北京涉农专利技术交易情况

2010—2014 年度，北京涉农专利技术交易共 25 项，总成交额为 5 834.3 万元。2010 年 1 项，成交额为 18 万元；2011 年 6 项，成交额为 3 810.5 万元；2012 年 5 项，成交额为 379 万元；2013 年 8 项，成交额为 1 301.8 万元；2014 年 5 项，成交额为 325 万元；如图 2-105、图 2-106 所示。

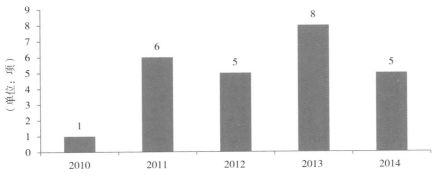

图 2-105　2010—2014 年北京涉农专利技术交易情况（项数）

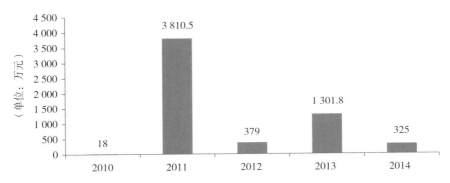

图 2-106　2010—2014 年北京涉农专利技术交易情况（成交额）

2010—2014 年度，北京市专利技术交易共 554 项，其中，涉农专利技术交易 25 项，占专利技术交易总项数的 4.51%，如图 2-107 所示。

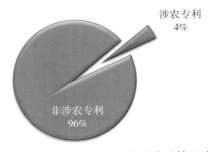

图 2-107　北京涉农专利技术交易占比情况（项数）

2010—2014 年度，北京市专利技术交易总成交额为 308 055.4 万元，其中，涉农专利技术交易成交额为 5 834.3 万元，占总成交额的 1.89%，如图

2-108 所示。

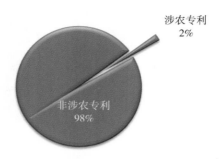

图 2-108　北京涉农专利技术交易占比情况（成交额）

从专利权人的类型来看，2010—2014 年度的 21 项涉农专利技术交易（发明专利和实用新型专利）中企业 5 项、大专院校 4 项、科研院所 11 项、个人 1 项，如图 2-109 所示。

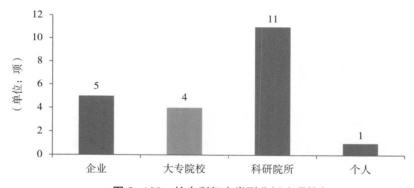

图 2-109　按专利权人类型分析（项数）

2010—2014 年度的 21 项涉农专利技术交易（发明专利和实用新型专利）总成交额为 5 834.23 万元，其中，企业 4 254.23 万元，大专院校 83 万元，科研院所 1 317 万元，个人 180 万元，如图 2-110 所示。

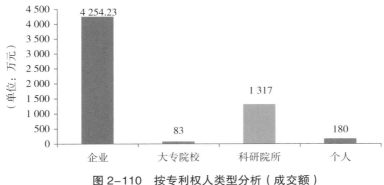

图 2-110　按专利权人类型分析（成交额）

从专利交易项数和成交额来看，北京涉农专利技术交易在北京市专利技术交易中的占比均较小；科研院所在涉农专利技术交易项目数上，高于企业、大专院校等其他类型的专利权人，而在成交额上，企业则明显高出科研院所、大专院校等其他类型的专利权人。

二、专利技术许可情况

（一）北京专利技术许可总体情况

2010—2014 年度，专利技术许可共 1 435 项，总成交额为 1 321 902.9 万元；成交项目数每年差异不大，但年成交额悬殊；如图 2-111 和图 2-112 所示。

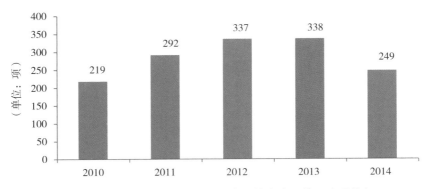

图 2-111　2010—2014 年北京专利技术许可情况（项数）

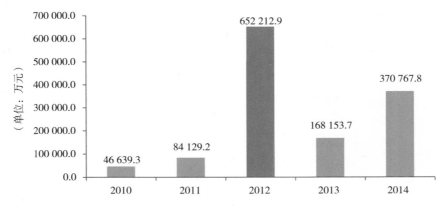

图 2-112　2010—2014 年北京专利技术许可情况（成交额）

北京市专利技术许可的 1 435 项中，发明专利 847 项，成交额为 1 110 714.6 万元；实用新型专利 571 项，成交额为 207 820.1 万元；外观设计专利 17 项，成交额为 936.3 万元；如图 2-113 和图 2-114 所示。

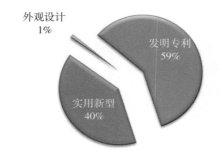

图 2-113　各类型专利技术许可情况（项数）

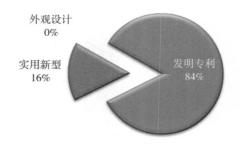

图 2-114　各类型专利技术许可情况（成交额）

从北京市各类型专利技术许可情况可以看出，发明专利的技术许可项目数和成交额均远远高于其他类型专利。

从专利权人的类型来看，2010—2014 年度的 1 418 项专利技术许可（发明专利和实用新型专利）中，企业 1 049 项，成交额为 1 263 776.3 万元；大专院校 190 项，成交额为 11 722.5 万元；科研院所 116 项，成交额为 27 026 万元；个人 50 项，成交额为 4 684.9 万元，其他 13 项，成交额为 11 324.9 万元。企业专利技术许可项目数和成交额远远高出大专院校、科研院所等其他类型专利权人，如图 2-115 和图 2-116 所示。

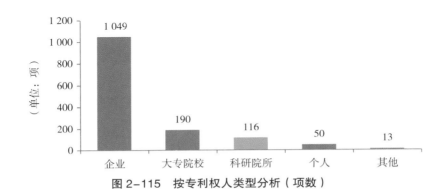

图 2-115 按专利权人类型分析（项数）

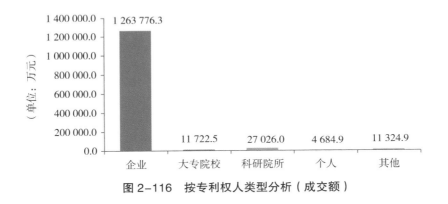

图 2-116 按专利权人类型分析（成交额）

（二）北京涉农专利技术许可情况

2010—2014 年度，北京涉农专利技术许可共 38 项，总成交额为 15 103 万元。2010 年 2 项，成交额 310 万元；2011 年 6 项，成交额 1 250 万元；2012 年 5 项，成交额 355 万元；2013 年 17 项，成交额 12 555 万元；2014 年 6 项，成交额 633 万元。

北京市专利技术许可共 1 435 项，其中，涉农专利技术许可 38 项，占专利技术许可总项数的 2.6%，如图 2-117 所示。

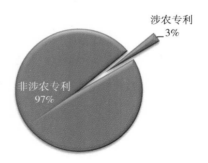

图 2-117 北京涉农专利技术许可占比情况（项数）

2010—2014 年度，北京市专利技术许可总成交额为 1 321 902.9 万元，其中，涉农专利技术许可成交额为 15 103 万元，占总成交额的 1.1%，如图 2-118 所示。

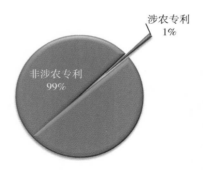

图 2-118 北京涉农专利技术许可占比情况（成交额）

从专利许可项数和成交额来看，北京涉农专利技术许可在北京市专利技术许可中的占比均较小。

38 项涉农专利技术许可中，发明专利 33 项占 87%，实用新型专利 5 项占 13%；15 103 万元总成交额中，发明专利 14 538 万元，96.3%，实用新型专利 565 万元，占 3.7%。北京涉农发明专利的技术许可项目数和成交额，都远远高于其他类型的专利。

38 项涉农专利技术许可中，企业 8 项，大专院校 2 项，科研院所 17 项，其他 11 项，如图 2-119 所示。

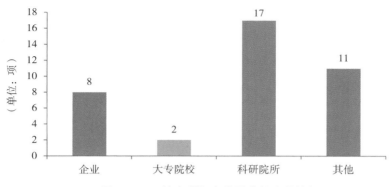

图 2-119 按专利权人类型分析（项数）

15 103 万元总成交额中，企业 1 448 万元，大专院校 20 万元，科研院所 2 635 万元，其他 11 000 万元，如图 2-120 所示。

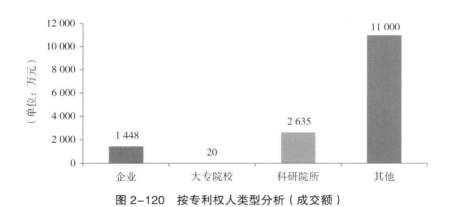

图 2-120 按专利权人类型分析（成交额）

三、专利技术输出情况

（一）北京市专利技术输出总体情况

2010—2014 年度，北京市共输出专利技术 2 204 项，总成交额为 1 675 461.1 万元。其中，2010 年 327 项，72 285.6 万元；2011 年 451 项，240 998.1 万元；2012 年 515 项，712 998 万元；2013 年 514 项，226 432.1 万元；2014 年 397 项，422 747.3 万元；如图 2-121 和图 2-122 所示。

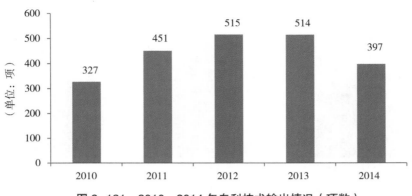

图 2-121　2010—2014 年专利技术输出情况（项数）

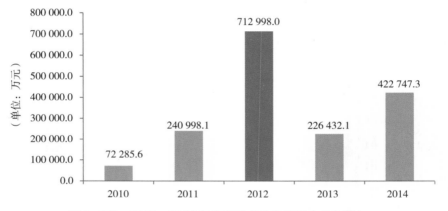

图 2-122　2010—2014 年专利技术输出情况（成交额）

输出专利技术成交的 2 204 项中，企业 1 477 项、大专院校 338 项、科研院所 254 项、个人 69 项、其他 16 项，如图 2-123 所示。

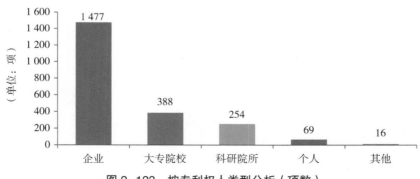

图 2-123　按专利权人类型分析（项数）

输出专利技术成交的 1 675 461.1 万元中，企业 1 559 594.1 万元、大专院校 35 609.5 万元、科研院所 48 425.2 万元、个人 20 291.3 万元、其他 11 541.2 万元，如图 2-124 所示。

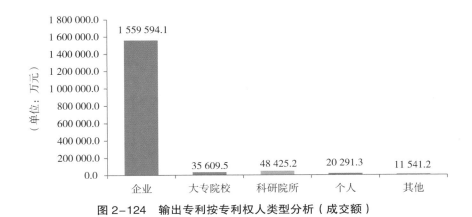

图 2-124　输出专利按专利权人类型分析（成交额）

（二）北京涉农专利技术输出情况

2010—2014 年度，北京市共输出涉农专利技术 87 项，总成交额为 32 501.2 万元。其中，2010 年 6 项，396 万元；2011 年 19 项，8 659.5 万元；2012 年 13 项，4 701 万元；2013 年 35 项，17 286.8 万元；2014 年 14 项，1 458 万元；如图 2-125 和图 2-126 所示。

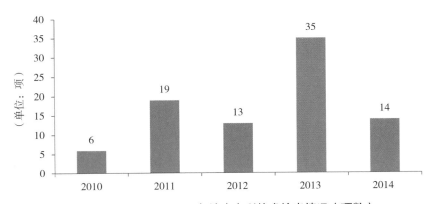

图 2-125　2010—2014 年涉农专利技术输出情况（项数）

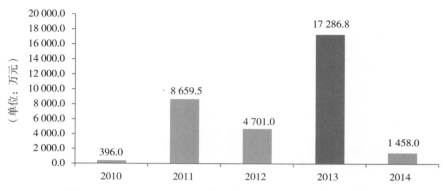

图 2-126　2010—2014 年涉农专利技术输出情况（成交额）

2010—2014 年度，北京市专利技术共输出 2 204 项，其中，涉农专利技术输出 87 项，占 3.9%。涉农专利技术输出成交额为 32 501.2 万元，北京市专利技术输出总成交额为 1 675 461.1 万元，占 1.9%，如图 2-127 和图 2-128 所示。

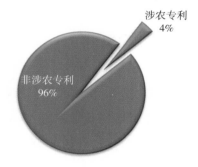

图 2-127　涉农专利技术输出占比情况（项数）

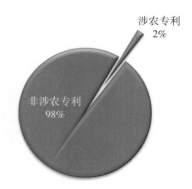

图 2-128　涉农专利技术输出占比情况（成交额）

输出涉农专利技术成交的 87 项中，企业 36 项、大专院校 7 项、科研院所

32 项、个人 1 项、其他 11 项，企业占 46.3%。

输出涉农专利技术成交的 32 501.2 万元中，企业 15 746.2 万元，占 48.4%；大专院校 603 万元，占 1.9%；科研院所 6 972 万元，占 15.3%、个人 180 万元，占 0.6%、其他 11 000 万元，占 33.8%。

四、专利吸纳情况

（一）北京市专利技术吸纳总体情况

2010—2014 年度，北京市共吸纳专利技术 1 031 项，总成交额为 701 125.3 万元，如图 2-129 和图 2-130 所示。

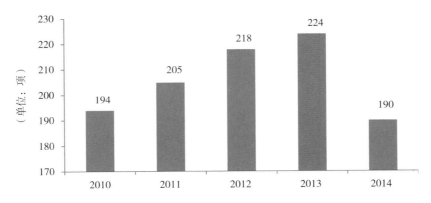

图 2-129　2010—2014 年北京市吸纳专利技术情况（项数）

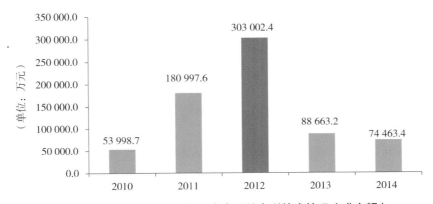

图 2-130　2010—2014 年北京市吸纳专利技术情况（成交额）

吸纳专利技术成交的 1 031 项中，企业 820 项、大专院校 111 项、科研院所 59 项、个人 33 项、其他 8 项。

吸纳专利技术成交的 701 125.3 万元中，企业 665 914.5 万元、大专院校 9 790.8 万元、科研院所 15 616.3 万元、个人 7 934.1 万元、其他 1 869.6 万元。

（二）北京市涉农专利技术吸纳情况

2010—2014 年度，北京市共吸纳涉农专利技术 46 项，总成交额为 15 424.8 万元，如图 2-131 和图 2-132 所示。

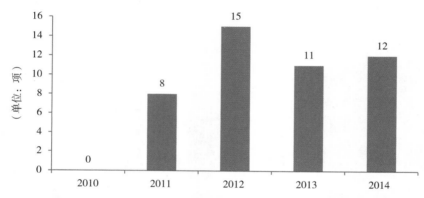

图 2-131　2010—2014 年北京市吸纳涉农专利技术情况（项数）

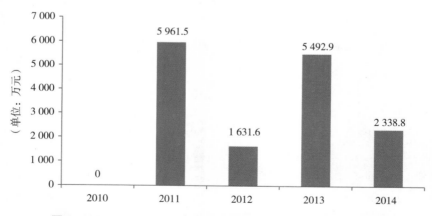

图 2-132　2010—2014 年北京市吸纳涉农专利技术情况（成交额）

2010—2014 年度，北京市专利技术吸纳 1 031 项，其中，涉农专利技术吸纳 46 项，占 4.5%。北京市专利技术吸纳总成交额为 701 125.3 万元，涉农专利技术吸纳成交额为 15 424.75 万元，占 2.2%。

吸纳涉农专利技术成交的 46 项中，企业 35 项、大专院校 4 项、科研院所 6 项、个人 1 项，企业占 76%。

吸纳涉农专利技术成交的 15 424.8 万元中，企业 13 106.8 万元、大专院校 740 万元、科研院所 1 568 万元、个人 10 万元，企业占 85%。

（三）小结

1. 从北京市专利技术交易、许可、输出和吸纳的项目数和成交额来看，企业高出大专院校、科研院所和其他类型的专利权人，说明在专利运用方面，北京市涉农企业优于本领域的大专院校及科研院所，大专院校及科研院所在注重科研成果的知识产权保护之外，更应加强专利等科研成果的运用。

2. 从北京市专利技术交易项目数和成交额看，创新水平高、科技含量大的发明专利是北京市专利技术交易、许可的主体。北京涉农发明专利的技术许可项目数和成交额都远远高于其他类型的专利。

3. 从专利技术交易、许可、输出、吸纳项目数和成交额来看，北京市涉农专利在北京市专利中的占比均偏小。

4. 企业在北京涉农专利技术输出、吸纳项目数和成交额远远高出大专院校、科研院所等其他类型专利权人；科研院所在北京涉农专利技术交易项目数上，高于企业、大专院校等其他类型的专利权人，而在成交额上，企业则明显高出科研院所、大专院校等其他类型的专利权人。北京涉农企业比较注重专利的转化。

第六节　涉农专利分析的主要结论

1. 中国涉农专利申请整体呈增长趋势，以北京和江苏、山东等东部沿海省市的本国申请为主。

中国涉农专利申请经历了缓慢增长阶段（1985—2000 年）、平稳阶段（2000—

2007年）、极速增长阶段（2007—2011年）、回落阶段（2011—2013年）和快速回升阶段（2013—2015年）5个阶段，目前仍呈增长趋势。

中国涉农专利以本国申请为主，主要集中在北京和江苏、山东等东部沿海省市；其中，北京市和江苏省在专利申请量和专利申请结构方面均较优，其涉农领域的创新水平较高。外国机构来华申请占比约14%，体现出国际对中国市场的关注和重视。

2.北京涉农专利申请整体呈增长趋势，主要集中在生物技术、农业机械和种植业3个领域，但其总量在北京专利中的占比偏少。

北京涉农专利申请量年度趋势与中国涉农专利申请量年度趋势基本吻合，当前处于增长阶段；但北京市涉农专利申请量占北京地区专利申请总量的比例偏少，约为5.63%，这可能与北京市农业占北京市产业的比重及涉农领域从业人员知识产权保护意识不强有关。

北京涉农专利申请行业排名前3名为生物技术、农业机械和种植业；涉农发明专利申请行业排名前3名为生物技术、农业机械和食品类；生物技术作为农业高新技术，在创新性上显著优于其他各类。涉农实用新型专利申请主要集中在农业机械类和种植类。

3.北京涉农专利有效专利占比不高，以"短平快"型专利为主，专利维持时间短，核心专利和重要专利的比例不高。

北京涉农专利中的有效专利占比仅为36%，40%为无效专利；其中，发明专利中有效专利占31.3%，无效专利占37.4%，实用新型专利中有效专利和无效专利各占50%。专利失效多因未缴年费、发明专利申请公布后未及时答复审查意见等专利管理不善导致。

50%以上的北京涉农有效发明专利的维持时间小于5年，维持5年及以上（含5年）的北京涉农有效实用新型专利仅占21%。北京涉农专利维持时间短，核心专利和重要专利的比例不高，北京市农业领域的自主创新能力和市场竞争力略显不足。

4.整体来看，目前农业类大专院校和科研机构仍是北京涉农领域的研发主力，北京涉农企业在科技创新中正发挥着越来越大的作用。

在北京市农业领域，大专院校和科研机构是科技研发的主力，以中国农业大学、中国农业科学院和北京市农林科学院为代表的农业大专院校和科研机构掌握着北京市农业领域的主要科技成果；北京涉农企业也具有较高的研发水平，正逐渐成为本领域的研发主体。在北京涉农领域科技创新方面，大专院校、科研机构和北京涉农企业基本形成三足鼎立的局面。

5. 北京市涉农有效专利在行业分布层面呈现不均衡性，生物技术、农业机械和种植业 3 个领域的北京涉农有效专利最多，其中，生物技术类创新能力更高一筹。

北京市涉农有效专利在行业层面的分布不均衡。生物技术、农业机械和种植业 3 个领域的北京涉农有效专利最多。生物技术领域发明专利较多，专利权人中企业占比较高，其创新能力较强，技术比较成熟，已进入了产业化阶段；农业机械和种植业的实用新型专利较多，其创新成果主要由大专院校和科研机构所掌握，处于技术发展阶段；北京市在食品类和农业信息化方面的专利储备一般，专利权人以大专院校和科研机构为主，尚未进入成熟期。北京市在养殖业、农药、肥料、饲料、能源与环境、水产业这几个领域的有效专利储备不足，反映出相关领域技术创新能力和知识产权保护意识的不足。

6. 北京涉农有效专利的主要专利权人有中国农业科学院、中国农业大学、中国石油化工股份有限公司和北京市农林科学院，其技术创新各有所长。

北京涉农有效专利的主要专利权人有中国农业科学院、中国农业大学、中国石油化工股份有限公司和北京市农林科学院。中国农业科学院和中国农业大学涉农专利涵盖的行业范围较广，在生物技术和农业机械领域的科技成果较多，其中，中国农业科学院更侧重于生物技术类，中国农业大学则农业机械更优；中国石油化工股份有限公司主攻生物技术领域的研发；北京市农林科学院在农业信息化领域的研发实力较强。

7. 从北京市专利技术交易、许可、输出和吸纳项目数和成交额来看，企业对专利的运用较优；创新水平高、科技含量大的发明专利是北京专利技术交易、许可的主体。

从北京市专利技术交易、许可、输出和吸纳的项目数和成交额来看，企业高出大专院校、科研院所和其他类型的专利权人，说明在专利运用方面，北京涉农企业优于本领域的大专院校及科研院所，大专院校及科研院所在注重科研成果的知识产权保护之外，更应加强专利等科研成果的运用。

从北京市专利技术交易项目数和成交额看，创新水平高、科技含量大的发明专利高于其他类型的专利。北京涉农发明专利的技术许可项目数和成交额都远远高于其他类型的专利。

8. 从专利技术交易、许可、输出、吸纳项目数和成交额来看，北京涉农专利在北京市专利中的占比偏小；北京涉农企业在专利转化方面较优。

企业在北京涉农专利技术输出、吸纳项目数和成交额远远高出大专院校、科研院所等其他类型专利权人；科研院所在北京涉农专利技术交易项目数上，高于企业、大专院校等其他类型的专利权人，而在成交额上，企业则明显高出科研院所、大专院校等其他类型的专利权人。

第 三 章
国内外科技成果转化模式与政策研究

近年来，我国专利申请量和授权量迅猛增长。2016 年，国家知识产权局共受理发明专利申请 133.9 万件，同比增长 21.5%，连续 6 年位居世界首位。截至 2016 年年底，我国国内发明专利拥有量达到 110.3 万件，首次突破 100 万件，我国是继美国和日本之后，世界上第三个国内发明专利拥有量超过百万件的国家。相较于专利申请量和授权量而言，目前我国专利技术实施、专利技术转化情况则不容乐观，专利转化率较低，与发达国家相比仍有较大差距。据中国知识产权报的一项数据表明，目前，我国发明专利转化率不到 15%，部分重点大学、科研院所专利转化率不到 5%，而发达国家这一数字高达至 30%~40%。据世界银行数据，中国的科技成果转化率平均只有 5%，专利推广率在 10%~15% 浮动，而日本等发达国家的科技成果转化率高达 70%~80%。可见，我国专利技术转化能力和专利技术产业环境亟待改善。

发达国家科技成果转化体制较为完善，政府从多个方面制定了支持专利等科技成果转化的政策，并取得了较好的转化效果。本章通过文献调研，对发达国家的专利技术转化模式及科技成果转化政策进行归纳，对我国在科技成果转化方面的政策和举措进行梳理，以期为我国后续出台专利等科技成果转化政策、探索构建科技成果转化机制和模式提供参考。

第一节　发达国家专利技术转化模式

长期以来，西方发达国家十分重视创新驱动，在专利技术研发与应用方面始终走在世界前列。认真研究发达国家专利技术的转化模式，从中汲取成功经验，对于提升我国专利技术的转化水平，具有非常重要的现实意义。总体来看，发达国家专利转化主要有美国模式、英国模式和日本模式 3 种模式。

一、美国模式

美国的应用研究主要集中于企业，大、中型企业是美国专利技术研发和应用的主体，专利技术研发与转化所需资金主要来源于企业自筹和银行贷款。美国企业非常重视对专利技术研发与转化的投入，总裁会综合计划部、营销部、财务部、研究开发部、制造部门经理以及企业法律顾问的意见作出是否对某项专利技术实施研发与转化的决策。美国企业设有年度利润计划指标，企业内部有较为完善的激励机制，是进行专利技术研发与转化的动力。若企业连续多年没有实施专利技术转化和开发出新产品，老产品进入衰退期，销售额下降，经理将被解雇，员工将遭到裁减。

美国新技术产业集团是进行专利技术研究与转化的重要力量。新技术产业集团是由高校、研究机构和企业共同组成的合作联盟，其产生是由于一些难度大、耗资多的项目难以由一个企业承担，为适应这种具有技术的高密集性和投资的高风险性的项目的需要，新技术产业集团应运而生。新技术产业集团大致可分为 2 种类型：一种是致力于对国家未来工业国际竞争力有重大影响的工程技术的研发与转化；另一种是致力于促进高校、科研机构所研发的实用性很强的专利技术向工业产业转移。新技术产业集团的出现，有力地促进了产学研的结合，实现了企业、高校、研究机构之间的优势互补，使得企业的资金优势以及高校和研究机构的人才、技术优势得到充分发挥。

美国政府在专利技术转化方面的主要职责是制定公平、公正的优惠政策，监督政策的实施，鼓励高校、科研机构与产业部门的合作，共建新技术产业集团。此外，政府还引导和帮助建立专利技术转化的服务机构，提供有关信息与资料，对专利技术的研发与转化形成导向。

二、英国模式

英国模式最突出的特点是，政府积极鼓励学术界与产业界合作，通过制定实施有关计划和奖励政策大力推动产学研相结合，借以实现专利技术的产业化。1986 年，英国科学技术办公室主持实施了"联系计划"，该计划是英国政府促进学术界和产业界在专利技术研发阶段进行合作的主要举措，它是通过政府的研发基金来调控高校、科研机构及企业的研发行为的。"联系计划"使学术单位和企业都从中受益。对于学术单位来说，它可以从政府和企业处获得资金支持，解决研究经费不足的问题；可以开拓研究视野，提升研究的针对性和应用价值；有助于加快专业人才培养。对于企业来说，增强了企业的创新能力；降低了技术开发成本与风险；提升了企业的知名度。

"知识转移合作伙伴计划"（简称 KTP）也是英国政府出台的鼓励产学研相结合的最重要的计划之一，是由英国贸易与工业部于 2003 年制订实施的。KTP 计划涉及三方面主体：企业、知识库单位（高校、独立研究机构、继续教育机构）和 KTP 联系人。企业根据自身发展需要做出技术创新决策，可以向当地的 KTP 协调机构咨询哪些高校、科研机构或继续教育机构拥有所需要的专家和技术成果，并从中作出选择。双方就共同开发项目的目标及一些关键的细节达成协议，并形成 KTP 项目资助申请书，提交贸易与工业部的 KTP 办公室批准。对于获批的 KTP 项目政府给予部分资助，资助年限一般为 1~3 年，其余资金由企业提供。KTP 计划使参与其中的三方主体均有所受益。对于企业而言，可以获得知识库单位的最新技术成果，能够降低开发成本和风险，KTP 联系人是企业潜在的合适雇员和后备技术力量。对于知识库单位来说，通过技术转让取得了经济收益，积累了经验，有利于提高技术研发的实用性，有助于提升研究生的培养质量。

英国政府除制订和实施旨在促进产学研合作的有关计划外，还出台了激励学术界与产业界相结合的奖励政策，如设立了"科学与工程合作奖""工业与学术界合作奖""技术转让奖"等，这些举措对于密切学术界与产业界的协作关系，推动专利技术的转化发挥了重要作用。

三、日本模式

日本高度重视科技成果尤其是专利技术的产业化，直接干预转化过程。日本政府参与专利技术转化的方式主要有 2 种：一种是"官企"合作，其基本方式是通过日本各个省所设置的促进科技成果转化的专门机构，广泛收集科技成果并从中遴选出适应国家发展战略需要的具有应用开发价值的科技成果，由机构出资委托企业进行开发转化。项目遴选与企业招标工作由机构的专家们负责审议。企业实施专利转化后取得的销售额需按一定比例向机构缴纳技术使用费。另一种是"官产学研"合作，即对于一些重大技术项目，由政府出面谋划，高校、独立研究机构和企业共同参加，组成技术联合开发小组，并直接由企业将技术成果投入试样和批量生产。在"官产学研"合作中，日本政府帮助企业获得大量的专利或科技成果，并通过补贴、无息或低息贷款、税收优惠等政策给予企业研发转化和技术创新以大力支持，以调动企业从事技术创新、科技成果转化的积极性，促进专利技术和科技成果的产业化。

日本政府除直接参与专利技术转化外，还制定了一系列促进专利技术和科技成果产业化的法律。例如，为加强研究交流，促进新技术开发和技术成果转化，颁布了《科学技术振兴事业团法》；为促进大学将技术成果向企业转移，出台了《促进大学技术成果向民间事业转移法》。日本政府还设立了"产业基础整顿基金"，对实施技术转移的大学提供资金支持和债务担保，为产学合作创造有利的条件。

第二节　国外科技成果转化政策概述

为了推动科技成果的转移和转化，美国、英国、日本、德国、韩国等发达国家从多个方面制定了对科技成果转化的支持激励政策。

一、对科技成果转化给予立法规范

1980 年，美国国会通过了著名的《拜杜法案》。该法案围绕由政府资助的研发项目产生的发明，明确了受资助单位以及政府部门的权利和义务。该法案通过合理的制度安排，为政府、科研机构、产业界三方合作，共同致力于政府资助研发成果的商业运用提供了有效的制度激励，使私人部门享有联邦资助科研成果的专利权成为可能，从而产生了促进科研成果转化的强大动力，由此加快了技术创新成果产业化的步伐。此后，美国又陆续颁布《联邦技术转移法》和《国家竞争性技术转移法》等一系列法案和实施细则，加强了该法的适用范围和操作性，使技术转移的法律法规涉及技术转移过程中的各部门、各环节和各方面，进一步促进了联邦实验室向工业界的技术转移。

日本政府 1961 年颁布了《新技术开发事业团法》，明确规定了日本新技术开发事业团在开发推广科技成果方面的职责。随后《研究交流促进法》《联合研究制度》等法规制度的推行极大地促进了科研机构、高校和企业之间的交流合作，为科技成果转化提供了法律保障。20 世纪 90 年代后，《中小企业创作活动促进法》《大学技术转让促进法》《产业活力再生特别措施法》《产业技术能力强化法》等法律法规的相继出台，推动了大学等国家科研机构的研究成果有效地向民间企业转让，促进了科技成果转化、新产业的开拓和国民经济的健康发展。此外，其他发达国家也有专门针对科技成果转化的立法。例如，英国在 1948—1986 年制定并多次修订《发明开发法》，以保障技术转移渠道的通畅。德国出台了一系列扶持中小企业科技发展的法律法规。联邦政府层面制定了《反限制竞争法》《关于保持经济稳定和经济增长法律的荃本条例》《中小企业结构政策的专项条例》等法规，各州制定了《中小企业促进法》，通过立法促进了研究机构、大学和企业的成果交流和转化，从而扶持中小企业的发展。

二、对科技成果转化给予经费支持

美国政府出台了多项专门用于促进科技成果转化的资金计划，如美国能源部的技术商业化基金（Technology Commercialization Fund，TCF）、美国国家标准与技术研究院（NIST）制订的先进技术计划（ATP）、美国经济发展署（EDA）联合国立卫生研究院（NIH）和国家卫生基金会（NSF）合作的"i6 挑战"计划、由约翰霍普金斯大学等 4 所大学参与的"转化研究伙伴计划（Translational Research Partnership program，TRPP）"等，这些资金计划用于促进大学和中小企业科技成果的进一步转化，为成果转化提供了坚实的物质保障。此外，美国政府为大学提供充足的科研经费，这些费用中均包含一定比例的成果转化费用，这些经费资助不仅为大学承担和完成大量的基础研究以及部分成果转化工作提供了必要保障，也有效推动了大学科技成果的转化和商业化应用。

从 2002 年开始，英国政府支持设立科技成果转化"早期成长基金"或"风险基金"，用于支持科技果转化的起步工作。2006 年英国政府又设立了 9 个"企业资本基金 (ECF)"，主要面向中小企业，鼓励企业将最新的科技成果应用到企业生产中。

从 2007 年开始，德国联邦教研部实施了一项为期 3 年的试验性资助项目，即"公共研究津贴"和"公益型科研机构研究津贴"，用以促进高校、科研机构与经济界，特别是中小企业间的合作，以推动科技成果在企业实现产业化。补助额度为项目总经费的 25%，最高补助金额为 10 万欧元。

三、对科技成果转化给予税收优惠

美国是最早利用税收优惠政策支持研发活动的国家之一，早在 1981 年，美国《经济复苏税法》中提出的《研究与试验税收减免法案》规定，对于当年科研支出大于前 3 年均值的部分，联邦政府会给予 25% 的税收优惠支持。此外，美国税法对科研机构和从事科研工作的企业，作出了免税或者税收优惠的规定。

日本制定了《促进基础技术研究税则》和《增加试验研究费税扣除制度》等减免税优惠制度来支持技术转移活动。一般研究开发企业的研发税收抵免率最多为 10%，而研究开发合作（主要是技术转移）活动的研发税收抵免率则达到 15%。

韩国制定了《租税特例限制法》，对技术转让规定了一系列所得税减免办法。对于转让给本国人的所得，给予全额免征个人所得税或法人所得税的待遇。对于转让给外国人的所得，减免税率为个人所得税或法人所得税的50%。对处于市场开发适应期的技术转让产品，给予减免特别消费税的优惠待遇。对符合法律规定的工程技术项目和信息处理相关的行业，自其营业有收入的年度起，对其项目所得按50%征收所得税。为促进国内技术的产业化，对于将一定比例的新技术产业转化为投资的，实行税收抵扣等优惠办法：在投资当年纳税年度中，可按照相应的比例在所得税或法人税中予以抵扣，或将其作为特别折旧计入成本。作为特别折旧计算时，特别折旧率为新技术产业化资产投资额的30%，使用国产材料时比例为50%。

四、鼓励高校和科研机构创建科学园、开办高技术企业

美国高校、科研机构以人才、智力资源为依托将企业吸引过来，兴办科技园、工业园，加速科技成果转化。硅谷就是以斯坦福大学为中心而建立起来的高技术密集园区，后来形成了以麻省理工学院、杜克大学、北卡罗莱州州立大学和北卡罗莱州大学为依托建立的北卡罗莱州三角研究园。此外，美国政府通过知识产权法律、孵化器、采购、应用研究补贴、优惠性融资等措施推动研究型大学的技术转移，鼓励大学人员发扬创业精神，利用大学成果创办企业。在美国，高技术企业常常是从大学和研究机构中派生出来的，这已成为科技成果从实验室向市场流动的重要渠道。

英国政府支持有条件的大学建立具有孵化器功能的"科学—工业园"，成为催生高科技企业的创新基地。牛津大学于1988年成立了ISIS科技创新有限公司，ISIS是牛津大学全资拥有的一家科技创新公司，负责管理牛津大学的技术转移和学术咨询，为客户提供技术转移咨询服务，2014年被评为全球最佳产学研成果转化企业。1998年成立的爱丁堡大学附属公司——ERI有限公司，致力于爱丁堡大学技术转移转化活动管理，主要负责管理预研支持、技术转移、公司孵化和咨询服务，有效促进了商界和工业界与大学之间的紧密合作。爱丁堡大学鼓励科研人员创业，学校会定期召开投资者会议，邀请成功的苏格兰新兴技术公司开展创业培训，帮助研究人员创业，孵化创业企业和高科技企业。英国为了鼓励技术转移则规定，新创办的公司如放弃税收优惠，则可获得占符合条件的研发费用24%的现金退款。

德国马普学会通过与企业合作、授予专利权和许可证以及衍生公司（spin-off companies），将研究成果应用于经济和社会发展当中。1970 年马普学会成立了马普创新公司，开创了技术转让的新模式。一方面，创新公司帮助马普研究所科研人员评估其发明是否具有实际工业应用前景和经济价值，为他们提供申报专利和知识产权转让方面的政策咨询服务；另一方面，创新公司也为企业界提供了接触马普学会研究所技术创新成果的渠道，帮助企业界寻找研究项目的最佳合作伙伴。马普创新公司为马普研究所与企业界之间搭建了一个沟通平台，促进了科学研究与企业界的合作，从而推动了技术转移转化。

日本的许多大学组建科学园区，以科学园区作为载体来推进科技成果转化。如日本比较著名的、具有代表性的是筑波大学的高技术科学城和关西多核心科学城。这些科学园区是以大学为中心，集聚了大量的研究机构和相应的生产企业，成为高科技高智力密集区，对推进科技成果转化起到积极的作用。

法国政府鼓励科研人员以其研究成果参与创建企业，占有企业股份直至成为公司董事会或监事会成员。研究人员在公共研究机构和企业间可以自由流动，其公职身份保留 6 年。

五、设立完善的技术转移转化服务机构

美国政府为了促进科技成果转化，设立了专门的服务机构和科技成果转化机构。政府层面建立了国家技术转让中心（NTTC）和联邦实验室技术转移联合体（FLC）等，民间设立综合性较强的中介机构，这些都是非营利性的中介机构。此外，还有专业性较强的营利性中介机构即中介公司。美国大学和研究机构设立了技术转移办公室、技术咨询机构、技术成果评估机构、高科技企业孵化器、技术测试与示范机构等，它们在促进科技成果转化中发挥着润滑剂的重要作用。如美国斯坦福大学首创的"技术许可办公室（Technology Licensing Office，TLO）"是高校知识产权管理和技术转移转化的典范，其成熟而专业化的知识产权管理模式，被视为该领域的"黄金标准"，成为当代美国大学技术转移的标准模式，对美国大学科技创新成果向产业界的转移转化起到了积极的推动作用。

英国技术集团（BTG）是 1981 年由原来的英国国家研究开发公司与国家

企业联盟合并后组建的一家专门从事科技成果转化工作的大型中介服务机构，该集团集聚了不同领域的科学家、工程师、专利代理人、律师、会计师等专门人才，有丰富的技术、市场、法律、金融知识和实践经验，能为成果供需各方提供全方位的服务。BTG 与英国各大学、研究机构、企业及技术发明者建立了密切的合作关系，同国外许多技术研究中心建立了广泛的联系，形成了国内国际的有效网络，真正起到了科技成果转化的桥梁和纽带作用。此外，英国政府支持科研机构和大学设立自己的成果转化中心或办公室，专门从事研究成果的商业化开发。

日本科技中介服务体系比较健全，其主要由日本产业技术振兴会、促进专利转化中心、大学专利技术转让促进中心、新技术开发实业集团、中小企业事业集团、技术交易市场、科学城、技术城等构成，其基本运作模式为：通过中介机构对重大战略性基础技术实行委托开发，新技术的开发以"委托"的形式交给企业，技术所有者从中介机构获得技术使用费，企业将技术产业化或商业化后，从利润或销售收入中提取偿还金。在日本，科技中介服务机构成为促进科技成果转化和产业化的重要推动力量。

六、支持企业与科研机构、大学开展产学研合作

发达国家支持多种形式的产学研合作，鼓励科研机构、大学与企业以校企协会、联盟、联合研发、授予专利权和许可证以及衍生公司等多种方式开展合作，促进科技成果转移转化。

为了加强产学研紧密合作，从 20 世纪 70 年代开始，美国国家科学基金会就在许多研究型大学设立工业——大学合作研究中心，到 20 世纪 80 年代又在大学建立了工程研究中心，形成大学、科研机构与企业的长期合作机制。同时，实施多元的技术转移模式促进高校科技成果转化，如威斯康星大学的 WARF 模式、麻省理工学院首创的第三方模式、斯坦福大学的技术转移办公室（OTL）模式等。

英国政府支持企业自主研发或根据开发新产品的需要与科研机构、大学开展合作研究，使研究成果直接应用于企业生产。以牛津大学为依托成立的校企联盟协会是产学研合作的典型模式之一，联盟协会是一个面向全球高科技企业

的开放式创新网络。在联盟协会内，会员单位可通过参加年会以及一些学术会议的方式，加强与学校、科研人员、企业之间的密切联系，优先获取学校有市场前景的科研成果；学术界也能够及时了解市场面临的问题以及未来所关注的重点领域，使创新项目、科研成果与行业产业和社会经济发展需求实现有效对接，有效地促进了高校技术的转移转化。

1956年，日本通产省发布了《关于产学研合作的教育制度》的报告，1960年日本内阁在"国民收入倍增计划"中特别强调要"重视产学研联盟""加强教育、研究、生产三者之间的有机联系"。1981年，日本科技厅和通产省分别确立了产学官三位一体的，以人为中心的科研体制。此外，日本十分重视企业在科技成果转化中的主体作用，企业是产学研的引导方、成果转化的受益方。政府注重引导产学研重心向企业转移，突出企业需求，同时，强调高校、科研机构与企业的合作，加强对共同研究课题的联合研究，增加企业的研发力量。在高校创建了"共同研究中心"，作为高校与产业界联系合作的窗口，推动与企业的合作创新。对一些科研机构进行重组，以便促进产业政策与技术政策的融合，推进科技成果转化。

韩国通过立法鼓励高校设立"产学研合作基金会"，由基金会全权负责所在高校涉及的产学研合作事务，一方面基金会下设的科技转化中心与科研人员建立密切联系，搜集所在高校的科研成果，通过专业化的团队集中进行专利运营（以转让给企业或是向企业出售使用许可为主）获取利润。另一方面专利运营获得的利润，一部分用作基金作为投资者的投资回报；另一部分作为研究者的成果转让补偿，剩余部分用以投资高校的基础设施建设。通过专利运营，科研成果和资金双向流动，高校的技术转化数目和盈利规模大幅提升，高校科技成果实现了产业化应用。

七、设立技术转移奖项、减免转化专利相关费用

美国设立技术转移相关奖项，如联邦实验室联合联盟（FLC）设立了"技术转移优秀奖""FLC服务奖""FLC协作奖""FLC技术转移专业服务奖"和"年度联邦实验室主任奖"等，对全国各地开展技术转移工作成效显著的集体和个人给予表彰奖励。

日本政府规定，对于大学向民间机构转让的研究成果，可以减半或免除1~3年的专利使用费，并且还将视情况再实施"缓纳"措施。另外，根据《特别措施法》的规定，对于经认定符合条件的创业者，在实施特别成果转让时，日本特许厅有权减免其专利申请手续费。

第三节　我国科技成果转化政策概述

为了鼓励研究开发机构、高等院校、企业等创新主体及科技人员转移转化科技成果，促进大众创业、万众创新，全面提升我国科技成果转移转化能力，充分发挥科技对经济社会发展的支撑和引领作用，我国从宏观战略规划和立法层面制定了促进科技成果转化的指导性文件，并出台了一系列公共政策和举措。此外，作为我国第一个国家级高新技术产业开发区、第一个国家自主创新示范区的中关村国家自主创新示范区和我国第一个农业高新技术产业示范区的杨凌农业高新技术产业示范区，也试行了各具特色的科技成果转化支持政策，这些政策在推动区域科技成果转化方面也取得了良好效果。

一、我国科技成果转化公共政策概述

（一）从立法和国家战略层面推动科技成果转化

我国非常重视包括专利在内的科技成果的保护和转化促进工作。早在1984年，我国就颁布了《专利法》，并于2001年制定了《专利法实施细则》，之后又根据形势变化作出多次修改。1996年，我国开始施行《促进科技成果转化法》，以规范科技成果转化活动，加速科学技术进步。2006年，为了适应大力发展我国自主知识产权产品的迫切需要，配合国家知识产权战略的制定实施，国家知识产权局决定实施全国专利技术展示交易平台计划，通过计划加快培育和发展完善我国专利技术市场，加快培育和发展专利技术转移、交易、实施转化的市场服务体系建设，大力推进了我国专利技术交易、实施和产业化。2008年，国务院下发《国家知识产权战略纲要》，明确提出要"鼓励知识产权转化运用"。在此基础上，科技部等部门出台了《关于促进科技成果转化的若干规定》。

2014年11月，国务院通过了《中华人民共和国促进科技成果转化法修正案（草案）》，对原有的《促进科技成果转化法》做了补充修订，重点突出了加强科技成果信息发布、引导和激励科研机构积极转化科技成果、强化企业在科技成果转化中的主体作用和加强科技成果转化服务等内容。新修订后的《中华人民共和国促进科技成果转化法》于2015年10月1日正式施行，该法加大了对成果完成人和转化工作作出重要贡献的人员的激励力度，进一步完善了科技成果处置、收益和分配有关的制度，优化了科研成果的评价体系。2016年2月，国务院印发了《实施＜中华人民共和国促进科技成果转化法＞若干规定》，指出研发机构、高等院校应当建立健全技术转移工作体系和机制，鼓励研发机构、高等院校通过转让、许可或者作价投资等方式，向企业或者其他组织转移科技成果。同年4月，《促进科技成果转移转化行动方案》出台，具体指明从激发创新主体科技成果转移转化积极性、完善科技成果转移转化支撑服务体系、开展科技成果信息汇交与发布、发挥地方在推动科技成果转移转化中的重要作用和强化创新资源深度融合与优化配置这5个方面，来推进科技成果转化工作。

（二）从宏观发展规划层面促进科技成果转化

我国对科技成果转化的重视在宏观发展规划层面也有所体现。2016年7月国务院印发了《"十三五"国家科技创新规划》，明确提出将从建立健全技术转移组织体系、深化科技成果权益管理改革、完善科技成果转化激励评价制度、强化科技成果转化市场化服务和大力推动地方科技成果转移转化5个方面，来完善科技成果转移转化机制。随后，《"十三五"国家战略性新兴产业发展规划》中明确指出要完善科技成果转移转化制度，组织实施促进科技成果转移转化行动，加快建立科技成果转移转化绩效评价和年度报告制度，引导有条件的高校和科研院所建立专业化、市场化的技术转移机构，加强战略性新兴产业科技成果发布，探索在战略性新兴产业相关领域率先建立利用财政资金形成的科技成果限时转化制度。同年12月，针对知识产权的《"十三五"国家知识产权保护和运用规划》中明确了"促进知识产权高效运用"的主要任务，着重突出要加大高技术含量知识产权转移转化力度。

（三）立足北京辐射全国推进科技成果协同转化和跨区域转化

作为全国的科技创新中心，北京市同样高度重视科技成果转化工作。1999年，北京市制定了《关于促进科技成果转化若干规定的实施办法》，2014年又连续下发《加快推进高等学校科技成果转化和科技协同创新若干意见（试行）》和《加快推进科研机构科技成果转化和产业化的若干意见（试行）》，为支持科技成果转化做出明确规定。2016年，北京市科委牵头研究制定了《北京市促进科技成果转移转化行动方案》，《方案》从释放创新主体科技成果转移转化活力、激发科技人员科技成果转移转化动力、强化科技成果转移转化市场化服务、建设科技成果中间性试验与产业化载体、强化央地政策协同，推动科技成果转移转化、促进科技成果跨区域转移转化、建设科技成果转移转化人才队伍、健全科技成果转移转化多元化资金支持体系等方面，提出了深入开展科技成果转化促进工作的具体举措。

（四）设立专项资金、优化成果转化收益分配制度推动农业科技成果转化

针对农业领域，我国也出台了促进农业科技成果转化的相关政策。2001年，为强化科技对农业现代化的支撑作用，科技部、财政部共同设立了农业科技成果转化资金，以支持农业、林业、水利等科技成果转化。2016年12月《关于深入推进农业供给侧结构性改革加快培育农业农村发展新动能的若干意见》中明确提出通过加快落实科技成果转化收益、科技人员兼职取酬等制度规定，深入推进科研成果权益改革试点，建设农业科技成果转化中心，加强农业知识产权保护和运用等举措来强化科技创新驱动，引领现代农业加快发展。

二、中关村国家自主创新示范区科技成果转化政策概述

（一）下放科技成果处置权和收益权

该项改革赋予中关村示范区内的中央级和北京市属事业单位对其拥有的

科技成果一次性处置单价或批量价值在 800 万元以下的可自行处置的权限，其中，科技成果价值小于等于 800 万元的部分，收益权 100% 归单位所有。此外，对科技成果处置和对外投资形成股权初次处置的收益，是在扣除奖励资金后分段按比例留归单位。该政策的出台促进了中关村示范区的科技成果转让，对进一步激活我国大批事业单位闲置资源，有着重要的意义。

（二）建立股权激励机制

中关村国家自主创新示范区内的北京市属高等院校、科研院所、院所转制企业以及国有高新技术企业试点的高等院校和科研院所可以采取科技成果入股、科技成果收益分成以及其他激励方式；院所转制企业和国有高新技术企业可以采取科技成果入股、科技成果折股、股权奖励、股权出售、股份期权、分红权、科技成果收益分成以及其他激励方式。

此外，高等院校、科研院所的技术人员也被纳入了激励机制之中。中关村国家自主创新示范区内的高等院校和科研院所以科技成果作价入股的企业，可以无偿授予激励对象一定份额的股权或一定数量的股份。高等院校和科研院所经批准，按科技成果评估作价金额的 20%~30% 折算为股权奖励给有关技术人员的，由接受科技成果出资的企业，从高校和院所获得的股权中划出相应份额予以兑现。这一举措极大了提高了科技人员的积极性，促进了科技成果转化和产业化。

（三）制定灵活税收制度

依据财政部、国家税务总局和科技部联合印发《关于中关村国家自主创新示范区有关股权奖励个人所得税试点政策的通知》，规定对中关村示范区内科技创新创业企业转化科技成果，以股份或出资比例等股权形式给予本企业相关技术人员的奖励，技术人员一次缴纳税款有困难的，可分期缴纳个人所得税，技术人员从企业获得奖励股权后，无论过多少年，只要未取得股权分红或股权未发生转让，就不用缴纳税款；在取得相关收益后，再行纳税。该举措既能解决技术人员还没有取得实际收益就要缴税的现实问题，又有利于企业创新，有助于加快技术成果转化。

（四）设立成果转化和产业化专项资金

北京市政府设立了重大科技成果转化和产业化投资专项资金，并在中关村国家自主创新示范区开展试点，以股权投资方式，支持重大科技成果在京转化和产业化。产业化投资资金体现市政府政策引导性，不以营利为目的。

产业化投资资金的出资比例原则上不超过参股企业注册资本的30%。除产业化投资资金外，其他货币资金和实物资产的出资应不低于企业注册资本的30%，鼓励采取包括科技成果作价入股在内的多种股权激励方式，鼓励采取多元化投资方式吸引社会资金共同投资。

（五）设立成果转化专项奖励资金

为了充分调动中国科学院科研团队和技术转移团队在京转化科技成果的积极性和创造性，加快中关村国家自主创新示范区建设，经中国科学院北京分院与中关村科技园区管理委员会积极沟通和协商，中关村科技园区管理委员会设立专项奖励资金，每年出资300万元，对在推动中科院科技成果在京转化工作中发挥积极作用的科研和技术转移团队给予奖励。

（六）搭建技术转移与知识产权服务平台

为推动区域企业自主创新能力提升，促进创新要素的快速转移与成果转化，帮助有技术需求的企业对接先进技术，拓展国际合作机会，由海淀区政府主办，中关村海淀园管委会和海淀区知识产权局承办的中关村技术转移与知识产权服务平台于2014年8月26日正式上线。中关村核心区的国际技术交易正式步入"电商"时代，不仅成为推动区域企业自主创新能力提升，促进创新要素的快速转移与成果转化的重要手段，同时，也为破解科技成果转移转化难问题探索了一条市场化新路。

中关村技术转移与知识产权服务平台主要承载技术转移与知识产权服务两大功能。其中，技术转移功能是围绕科技成果转移转化链条中的核心环节及各环节所需的共性服务，通过供需信息发布、实时竞价交易、项目专题路演3个版块来实现的。知识产权服务功能是面向企业、科研院所、高校、行业协会、商会、产业联盟和投资机构等各类市场主体，通过提供检索、咨询、代理、评估、法律服务、融资、谈判、交易等全链条服务来实现国际技术转移。通过线上与线下相结合的方式，汇聚了优质技术项目和科技服务资源，立足北京、服务全国、为国内外技术转移和知识产权服务搭建了全天候、实时、一站式的公益性在线服务平台。

三、杨凌农业高新技术产业示范区科技成果转化政策概述

（一）给予科技成果转化企业融资支持

杨凌示范区在相关制度中规定，支持科技成果转化企业申报各类资金、基金等，帮助申请银行科技贷款。示范区中小企业信用担保公司优先对企业提供担保。企业获得科技项目银行信贷时，2 年内可由示范区财政给予贴息支持，每家企业最大贴息额为 50 万元。示范区担保公司对企业优先提供融资担保，并免收担保费。鼓励示范区科技成果转化企业在资本市场直接融资。对于拟上市重点企业，协调工商、税务、土地、规划、环保等相关部门，为企业在土地受让、资产置换、剥离、收购、财产登记过户等方面提供便捷服务，开辟企业上市"绿色通道"。

（二）提供科技成果转化税收减免优惠

杨凌示范区在相关制度中规定，对示范区科技成果转化企业，从企业落户之日起前 2 年，按照所得税地方留成部分的 50% 对企业给予奖励。当年所缴增值税的地方留成部分，前 3 年由示范区于下年度按 50% 的比例返还。经认定为陕西省级以上高新技术企业的可享受 15% 企业所得税优惠。年税收达到1 000 万元以上，可获得 10 万~50 万元奖励。在一个纳税年度中用于研究开发新产品、新技术、新工艺发生的技术开发费，在实行 100% 税前扣除的基础上，允许再按当年实际发生额的 50% 在企业所得税税前加计扣除。创投企业投资中小型高新技术企业，持股满两年的，当年按投资额 70% 在应纳税所得额中予以抵扣，当年不足抵扣的可以无限期向后顺延抵扣。

（三）提高对科技成果完成人的奖励比例

杨凌示范区规定，创业人才（团队）在杨凌工作期间形成的职务科技成果，用人单位以技术转让方式实施转化的，给予职务科技成果完成人不低于技术转让所得净收入 20％ 的奖励；用人单位以股份合作等方式实施转化的，给予职务科技成果完成人不低于科技成果入股时作价金额 20％ 的股份奖励。

（四）加强科技成果转化的公共服务支撑

对科技成果转化企业，杨凌示范区建立了"一站式"服务平台，为企业提供审批等方面的帮助以及经营场所等便利条件。示范区为落户杨凌的创新创业大赛优胜项目企业提供 $100m^2$ 以内的办公经营场所，并在房租方面予以优惠，第一年免收房租，第二年按市场价的 40％ 收取，第三年按 70％ 收取。

（五）积极推动高校、科研院所与示范区全面深度合作

完善科技资源共享平台管理办法，在现有资源共享平台开放基础上，促进国家重点实验室、工程技术研究中心等研发平台向各类创新主体开放，到 2020 年，开放的科技资源共享平台达到 20 个以上，加速信息互通、资源共用和成果转化；鼓励科研人员带科研项目和成果到企业开展创新工作或创办企业，促进科技成果向现实生产力转化。

（六）设立科技成果转化引导基金

设立陕西省科技成果转化引导基金，以设立创业投资子基金、科技贷款风险补偿和绩效奖励等方式，支持在陕西省实施的科技成果转化，促进科技创业和科技型中小企业发展。转化基金遵循引导性、间接性、非营利性和市场化原则。同时，建立陕西省科技成果转化项目库，为转化基金的运行提供信息和项目运作支持。

（七）探索搭建农业科技成果转化平台

优化国家（杨凌）旱区植物品种权交易中心、国家（杨凌）农业技术转移

中心的运行机制，策划建设综合性农业科技成果转化平台，做好成果交易、价值评估等工作，每年技术交易额达到 5 000 万元以上。

（八）积极开展现代农业科技服务体系建设

鼓励和支持社会力量在示范区建立创新创业服务机构，支持示范区内的国家级创业服务中心、生产力促进中心、技术转移示范机构进入孵化器开展服务，建立同孵化器密切合作的工作机制，开展全方位、个性化创新创业服务；发挥中国杨凌农业高新科技成果博览会平台作用，促进现代农业科技成果转化。

第 四 章
涉农专利转化模式研究
及案例分析

从实践经验来看，涉农专利的转化主要有自主转化、联合转化和成果转让3种类型。其中，自主转化又包含企业自主转化、科研单位自主转化等形式；联合转化包含产研联合转化、产学研联合转化、政产研联合转化等形式；成果转让则包含直接成果转让和依托中介成果转让等形式。下面选取其中的典型代表加以介绍。

一、企业自主转化模式案例

大北农集团动物医学研究中心于 2007 年开始猪圆环病毒 Ⅱ 型灭活疫苗（DBN-SX07 株）的研制，通过对国内猪圆环病毒 Ⅱ 型进行流行病学调查，分离筛选到制苗用毒株（ DBN-SX07 株），进行了疫苗的安全性及免疫效力验证，并完成临床实验，于 2011 年取得了猪圆环病毒 Ⅱ 型灭活疫苗（DBN-SX07 株）新兽药证书。期间，共申报了 3 项发明专利，均已获得授权，分别是"猪圆环病毒 Ⅱ 型毒种的制备和保存方法（ZL 201110001417.6 ）""猪圆环病毒 Ⅱ 型灭活疫苗及其制备方法（ZL 200910084906.5 ）"以及"猪圆环病毒 Ⅱ 型—猪肺炎支原体表达菌株的构建及应用（ZL 201010563097.9 ）"。对于上述专利，企业在技术转让的同时，也采取了自主转化的办法。Ⅱ 型灭活疫苗（DBN-SX07 株）自 2011 年投产以来，由大北农集团疫苗生产基地福州大北农和成果转让单位成都天邦共生产 15 批，共约 500 万头份，销售约 456 万头份，以销售价格 13 元 / 头份计，新增产值约 5 928 万元。疫苗的推广应用可提高规模猪场仔猪成活率 5%~12%、提高饲料报酬 10% 左右、提高育肥早期阶段平均日增重 69.36g/ 天，以 1 000 头规模的种猪场为例，可合计降低免疫成本、提高仔猪成活、减少疾病损失等累计间接经济效益 80 万 ~150 万元 / 年。以销售 456 万头份全部接种计算，已经产生间接经济效益 36.5 亿 ~68.4 亿元。

二、科研单位自主转化模式案例

"设施农业生产智能监控技术产品"是北京市农业信息技术研究中心根据目前设施农业生产中存在的智能化程度低、管理技术水平落后、缺乏自主知识产权产品等现状而开发出一批拥有自主知识产权、良好商业化潜力的设施农业智能监控产品。该技术集成构建了适合我国国情的设施农业生产综合服务平台，实现了各类设施农业环境的智能监控和管理，其技术总体居国内先进水平，其中，核心技术涉及温湿度露点变送器（ZL 200720194914.1）""便携式农业关键环境因素采集仪（ZL 200620003657.4）""温室环境信息语音精灵与方法（ZL 200610056941.2）"等多项专利，技术水准达到国内领先水平，且产品操作简单、实用性强，与国外同类产品相比价格低 50%~70%。为加强技术成果的转化应用，该中心建立了一套政府、研究机构、企业和生产基地共同参与的产品推广新模式，即以北京农业信息技术研究中心为依托、地方政府机构组织为支撑、基层农技推广员为骨干、区县为地域单位，实现示范、辐射、推广三步走。中心在朝阳区、海淀区、丰台区等 10 个区县中选择了 15 个典型基地试验示范，使用不同复杂程度的项目成果 447 套，并在 472 个村镇辐射推广 1 827 套，累计示范推广语音型温室宝宝、便携式温湿度露点记录仪、专家型温室娃娃、网络型生理生态信息通用监控系统 2 274 套，实现销售收入 568.7 万元。

三、政产研联合转化模式案例

国产转基因抗虫棉是以中国农业科学院生物技术研究所和中国农业科学院棉花研究所等诸多科研机构、政府部门、企业联合研发和推广的一系列专利技术成果，其核心专利主要包括"编码杀虫蛋白质融合基因和表达载体及其应用（ZL 95119563.8）"和"两种编码杀虫蛋白质基因和双价融合表达载体及其应用（ZL 98102885.3）"两项中国发明专利。该技术以社会需求为导向，通过行政手段、政策引导和财政基金立项，经历了"科研立项→专利技术研发→转基因抗虫棉培育及繁殖→示范→培训→推广→销售"的完整过程。该技术的研发转化推广由相关政府部门、中国农业科学院生物技术研究所、中国农业科学院棉花研究所、山西省农业科学院棉花研究所和江苏省农业科学院经济作物研究所等科研单位，创世纪种业有限公司、中国棉花所科技贸易公司等企业以及民间组织等多元化的参与主体联合协同，以国家"863"计划、"973"计划、转基因生物新品种培育重大专项、农业部跨越计划、中华农业科教基金、农业部发展棉花专项等多项国家重大科技项目、各级地方政府财政投入、科研单位自筹资金等为支撑进行。新品种的持有方与种子经营单位之间通过产权转让、技术入股、合同契约、股份合作等多种利益连接方式，以商品的形式转让给棉种经营机构，以种子流通形成的利润反馈给研发活动，形成独具特色的涉农专利转化模式。在这种模式的推动下，截至 2013 年，已累计推广 5.4 亿多亩，抗虫棉种植面积占全国植棉总面积的 80% 左右，占全国抗虫棉面积的 95% 以上，以绝对优势占据了国内抗虫棉市场。国产转基因抗虫棉的种植，可减少农药使用量 10 万 t，每公顷增产皮棉 150kg，综合配套技术应用、高效种植模式推广、农药投入减少、用工节省、用种减少、产量增加等各种因素，每公顷节本增收 4 050 元，累计增收 900 多亿元。

四、产研联合转化模式案例

2005 年，北京市农林科学院北京杂交小麦工程技术研究中心（简称"小麦中心"）赵昌平团队首创了中国二系杂交小麦技术体系，能使麦田亩均增产 15%~20%。专家组鉴定认为"中国二系杂交小麦技术体系的创建，是我国小麦育种领域中的一项重大成果，使我国杂交小麦研究达到世界领先水平，为杂交小麦大面积推广应用奠定了重要基础"。小麦中心就此研发成果获得 3 项授权发明专利"一种光温敏二系杂交小麦盖膜制种方法（ZL 200510108033.9）""一种小麦杂交制种方法（ZL 200510108032.4）""一种利用花药培养快速选育新小麦光温敏不育系的方法（ZL 200710062947.5）"和3项新品种保护权，并获得了2011年北京市科学技术一等奖。科研育种上的突破只是为杂交小麦种业打开了一扇大门，因缺乏资金和经营人才，无法实现自行实施产业化，为了尽快将该科技成果转化，加快杂交小麦优良品种的选育和推广，促进小麦增产和农民增收，北京市农林科学院探索试行了以企业为主体，市场为导向，资本为纽带，利益共享、风险共担的科企合作模式与运作机制。2011年10月，小麦中心与中国种子集团有限公司合作，采取企业、科研院所和科技人员共同入股的方式组建了中种杂交小麦种业（北京）有限公司，中种集团以资金入股，小麦中心以知识产权入股，科研人员直接进入新成立的种子企业开展育种，原单位身份和待遇保持不变，育成品种归企业和科研单位共同所有，并根据股权收益进行分红。科研成果与产业转化高效对接取得了良好的效果，该杂交小麦在国内实现了快速示范和推广。截至目前，在北京市的顺义、房山、通州、大兴、平谷各区县设置了一批杂交小麦大面积示范区，列入"北京名片"工程，在天津、河北、山东、安徽、新疆、云南等省市区分别建立杂交小麦示范展示田和新组合鉴定试验田，初步建立杂交小麦商业育种体系。此外，该杂交小麦还在多个国家进行了新品种试种与示范。2012年，"巴基斯坦杂交小麦技术援助与试验示范"被科技部国际合作司正式立项为对外科技援助项目，并在巴基斯坦试验示范取得良好的效果，比当地对照增产幅度达到了30%~50%，深受当地种子企业和农户的欢迎；随后，公司与巴基斯坦著名的农业公司签订了全面合作协议。公司还分别与荷兰、印度、尼日利亚和乌拉圭等国家建立联系，并安排了杂交小麦新品种试种试验，为中国杂交小麦走出国门、走向世界奠定了重要基础。

五、依托中介成果转让模式案例

方永贵是福建省建瓯市林业规划设计队的工程师，福建建瓯市永贵实用生化技术研究所所长。他历经23年研发得到一种"环保型生物杀虫剂"，于1996年就该杀虫剂向国家知识产权局提出发明专利申请，并在2001年获得授权专利：固体松碱合剂及其生产工艺（ZL 96117310.6）。其所研发的"环保型杀虫剂"是一种以松香为原料的绿色环保型生物果树杀虫剂，具有生产工艺独特创新、高效低毒安全、对环境无污染等特点，可广泛应用于大宗果树、茶叶、蔬菜、甘蔗、花卉、园林等的病虫害高效防治，以取代大量有机磷、有机氯、有机砷农药。他在"618"中国海峡项目成果交易会、全国农业科技成果转化交易平台、科易网、苏州市科技成果转化服务平台等成果转化中介进行了宣传推介。2013年1月，"618"中国海峡项目成果交易会平台专门组织50多位专家学者和企业界代表，举办了"绿色环保型生物杀虫剂推介对接会"。会上，霞浦县嵩峰农业开发有限公司、将乐县智华木竹有限公司、福州施得丰农业技术有限公司等5家企业，与方永贵签订了合作意向书。2013年7月，又有一家宁德地区的生态农业企业与其签订协议，以技术入股的方式开展合作，投产金额为5 000万元。

第 五 章
涉农专利推广价值评价
指标体系研究

一、概述

随着国家专利战略的逐步推行，专利不仅仅要注重数量，更要注重质量，因此对专利的综合实力和竞争力的评价，不再是一个简单量的统计，在这样的一种形势下，建立一个客观、科学、全面、实用的专利评价指标体系和评价方法显得十分必要和紧迫。

对专利的评价和评估是个世界性难题，现有的众多专利价值评价（评估）标准，对专利评价的目的、角度各不相同。国家知识产权局专利管理司和中国技术交易所组织编写的《专利价值分析指标体系操作手册》，提出并定义了专利价值度（Patent Value Degree, PVD），从法律、技术、经济 3 个层面对专利进行定性与定量分析，为专利转让、许可、出资、运营、质押融资及证券化融资、拍卖等提供科学合理的价值分析判断。

中国农业科学院技术转移中心建立的农业专利技术价值评估系统，针对农业专利技术的价值进行评估，为拟进行农业专利技术交易买卖双方提供参考价格，以促进农业专利技术交易。此外，还有众多学者，提出了用于机构（企业）竞争力评价、区域竞争力评价、科研项目后评估的专利评估指标与方法。

本研究提出的《涉农专利推广价值评价指标体系》，更注重对涉农专利技术的可推广性做出评价，针对专利推广价值分析的重要性及实际需求，确定专利推广价值分析的具体内容和方法，指标体系的制定，既考虑到专利评价的共性要素，又考虑到涉农专利的特点，是对涉农专利推广价值进行流程化、标准化评价的依据。

二、国内外研究进展

（一）国外专利评价研究

国外对专利评价指标的研究主要是由专利价值评估带动的，相关研究主要分为专利量化指标研究、以专利引用其他专利信息及以专利引用非专利文献为维度展开。

知识资产分析公司 CHI Research 首先提出专利权的质与量方法，其建立的评估模型主要分为专利数量指标、专利质量指标、专利特性指标及综合评估指标。该方法也于 2001 年被授予专利权，是目前所有专利评价系统中较具权威性的方法。

Trajtenberg 以专利被引用数做权重，求得加权的专利数（Weighted Patent Count)，实证结果显示专利被引用数越高，专利的价值越高。

Hall、Jaffe 与 Trajtenberg 等人认为引用数是获知专利价值异质性的方法，从技术独立性分析，自引次数除以总被引用的次数的比值，可用以显示与其他竞争者的差异性，即技术独立性越高，表示研发路线较独立，少有其他公司跟随其技术研发，较无侵权的可能。

除了上述专利数量与专利质量指标外，还有其他针对专利特性进行分析的指标，如专利广度（Patent Breadth)、专利普遍性（Generality）、专利整合性（来源性)(Originality)。

其中，Lernel 等提出专利广度是指专利能够提供该发明的保护程度。该指标通常与专利经济价值具有正向的影响关系，主要通过每篇专利的专利分类号衡量研究主体（国家 / 机构）的平均专利广度。Trajtenberg、Henderson 与 Jaffe 提出专利普遍性与专利整合性（来源性）两指标，两者均从专利的引用关系来看专利特性，不同的是，专利普遍性是衡量专利被其他领域后续专利引用程度，以了解该专利被引用的广泛程度，属前瞻性测量 (Forward-

Looking Measures); 专利整合性则是衡量某专利广泛引用其他领域先前专利的程度, 以了解该专利所含技术的广泛程度, 属于回顾性测量 (Backward-Looking Measures)。

Verbeek 等提出科学与技术间互动方法论: 分析美国专利资料库中的专利, 计算专利引用非专利文献的专利数量, 其目的在于进一步了解哪一个科学类别与哪一个技术类别有互动关系、强度为何以及了解厂商所拥有的专利与文献的时间差距, 籍以评估厂商及其技术创新速度。

（二）国内专利评价研究

国内学者对专利评价指标的研究大多因循了国外研究者的思路和脉络, 并在此基础上根据具体的现实情况作出了相应的调整和演化。

目前, 专利评价指标已经广泛运用于各类实证研究和评价活动中。在评判一个国家、地区、高校等的专利状况、科技发展水平、知识产权保护强度和竞争力水平, 评估企业的市场价值和发展潜力时, 专利指标都可以作为一种有效的考察方式。例如, 在对专利实力的监测中, 国家知识产权局知识产权发展研究中心从专利的创造、运用、保护、管理及服务 5 个方面设计了一级指标, 并通过 34 个二级指标对全国各地区的专利实力进行了测量和分析, 具体指标包括专利创造的数量、结构、质量、效率, 专利运用的效益及质押、许可、转让、产业化等运用方式的发展程度, 专利行政保护的条件建设、案件调处、执法协作、展会执法、维权援助和专利司法保护情况, 专利行政管理能力建设及企业专利管理水平, 专利服务业发展状况及公共服务能力等。

中国知识产权指数课题组发布的《中国知识产权指数报告 2012》则建立了一套包含 4 个一级指标, 即知识产权产出水平、知识产权流动水平、知识产权综合绩效、知识产权创造潜力, 17 个二级指标、64 个三级指标以及 115 个四级指标的指标体系。通过对指标体系的量化分析, 公众可以得到一个相对直观的区域知识产权发展全貌、综合实力信息, 清晰地比较出各省市区知识产权发展状况、各个层面存在的差异、各环节间的内在联系和外在影响因素, 明确各区域的优势、劣势、机遇和挑战。

中国科学院上海有机化学研究所的赵英莉, 以专利申请量为依据, 利用模糊数学的方法评价出我国专利技术最活跃的技术领域，并选取中国发明专利申请受理总量、国内发明专利申请受理量和国内发明专利申请年均增长率作为综合评价指标，利用 DEA 方法评价出我国专利技术发展速度最快的技术行业。

三、制定原则

（一）客观性原则

《涉农专利推广价值评价指标体系》是以数据统计分析为基础建立，避免主观臆断性和随意性。

（二）科学性原则

（1）系统全面。指标体系应能反映专利价值的内在本质，应能综合各方面目标与价值的共性特点，应能反映所评价的专利可能涉及的各方面因素。从专利涉及的技术质量价值、技术应用价值、市场价值等方面系统全面地考虑各项指标。

（2）定性定量相结合。在专利分析时，反映专利价值的指标可以分为两类：一类是定量指标，即根据专利技术有关情况的统计、测算与研究，可以得出该指标实测或估算值；另一类是定性指标，该类指标无法或难于量化，是通过专家或分析人员的判断，并将判断的结果定量化来进行分析。客观性的定量指标和主观性的定性指标相结合，基于计量学的统计分析方法与专家经验评判相结合，才可能达到科学评价的目的，取得可信的结果。

（三）实用性原则

首先，评价所需数据可通过现有途径获取，可批量处理；其次，评价指标体系应当是实用的，具有可操作性，方便易行，有利于农业领域专家评判；再次，指标体系中指标的含义必须明确，有利于进行分析与打分。

（四）独立性原则

在建立指标体系的过程中，尽量减少各个指标之间的相关程度，避免包容关系。

（五）指导性原则

评价指标体系应当具有指导性，对涉农专利工作具有正确的影响力和导向作用。

四、评价指标的设计与权重向量的获取

评价指标的设计和指标权重向量的获取是建立涉农专利推广价值评价指标体系的关键点。评价指标反映了是否全面、科学、准确地体现了专利的价值；指标权重向量揭示了各指标在专利价值中的重要性及相互的重要性关联。

（一）评价指标的设计

为了保证评价指标的科学性、客观性、系统性、层次性、独立性，采用定量与定性相结合，主观判断和客观判断相补充的方法。

技术是专利的核心内容。技术的新颖性、创造性是确定是否能成为一项专利的首要条件。技术的实用性和成熟度又决定了专利是否具有推广价值。鉴于专利的特殊性，对专利推广价值的判断从专利技术质量、专利产业化、专利市场价值、专利实施风险、专利权保护质量5个层面（一级指标）来进行，其下构建20项二级专利推广价值指标。前4个一级指标为专家主观评价—定性判断指标，最后1个一级指标为数据客观评价—定量判断指标。

1. 专家主观评价—定性判断指标

（1）专利技术质量

① 先进性：专利技术在当前进行评估的时间点，与本领域的其他技术相比是否处于领先地位，技术效果更好。

② 成熟度：专利技术在评估时所处的发展阶段，是出于研发阶段、小试阶段、产品阶段等发展阶段。

③ 适用范围：专利技术可以应用的领域范围。

④ 配套技术依存度：专利技术是否可以独立应用到产品，还是经过组合才能用，即是否依赖于其他技术才可实施。

⑤ 可替代性：在评估时间点，是否存在解决相同或类似问题的替代技术方案。

（2）专利技术产业化

① 社会经济发展相关度：专利技术与经济、社会、科技发展需求相关的产业或技术领域联系的紧密程度。

② 产业化能力：专利技术进行产业化的转化应用能力。

③ 产业化程度：是否已成规模应用，受到广泛欢迎。

④ 农业现代化促进程度：专利技术是否属于高精尖技术，是否能够对农业现代化起到促进作用。

（3）专利技术市场前景

① 市场应用：是否已在市场上投入使用，如果没投入市场，则将来在市场上的应用前景如何。

② 社会效益：专利技术对社会发展的推动作用，尤其是对产业结构调整、优化及升级的推动作用。

③ 经济效益：专利技术实施过程中带来的经济价值。

（4）专利技术存在的风险

① 技术整合风险：专利技术所依赖的相关技术是否存在和完善。

② 现有市场竞争风险：市场中竞争对手的多少，且竞争对手是否具有竞争优势。

③ 技术开发风险：实施专利技术开发投入多少。

2. 数据客观评价—定量判断指标

专利权保护质量

① 保护地域范围：从保护地域的角度，同一个发明在不同国家提交专利申请的数量。

② 权利要求数量：专利保护范围由权利要求进行限定，反映专利保护的权利广度和深度。一项权利要求本身的保护范围，更多的是体现广度。一项专利或其申请中权利要求数量的多少，是申请人在深度这一维度上进行策略性布局的体现。

③ 技术覆盖范围：从保护技术领域的角度，通过 IPC 分类号个数来评价

专利的技术覆盖范围。

④ 专利维持有效时间：专利维持需要交纳维持费用，只有具有较高技术含量和经济价值的专利，才会一直予以维护。

（二）指标权重向量的确定

为了使专利评价更接近实际情况，科学处理非定量因素，将主观因素客观化，将定性的模糊信息定量化。在本研究中我们采用层次分析法确定专利推广价值评价指标体系的各指标权重值。层次分析法（简称 AHP）是美国运筹学家 T.L.Saaty 等于 20 世纪 70 年代提出的一种层次权重决策分析方法。其方法思想是：通过两两比较确定同一层次元素相对上一层次元素的定量结果，构造判断矩阵，最终综合计算并判断诸元素相应的权重值。

（三）涉农专利推广价值指标体系的确定

采用德尔菲法，组织农业专家、管理专家、技术转移专家、情报专家、农业推广专家召开论证会，对所涉指标和权重进行评议修改，最终确定《涉农专利推广价值指标体系》，见表 5-1、表 5-2、表 5-3 所示。

（四）试验性评价

以《涉农专利推广价值指标体系》对北京市农林科学院 765 项有效专利进行评价，以对指标体系进行验证。

表5-1　涉农专利推广价值评价指标（专家主观评价—定性判断）

评价分类	一级指标	权重	二级指标	权重	级别及分值		
					5	3	1
专家主观评价（定性判断75分）	A 专利技术质量	25	A1 先进性	5	领先	先进	一般
			A2 成熟度	8	产品级	正式样品级	方案级
			A3 适用范围	4	广泛	较广泛	一般
			A4 配套技术依存度	4	独立应用	对其他技术有依赖	较难独立
			A5 可替代性	4	不存在替代技术	有替代技术，但本技术占优势	有替代技术，且本技术不占优势
	B 专利产业化	20	B1 社会经济发展相关度	5	紧密	较紧密	一般
			B2 产业化能力	7	易于产业化	可产业化	难于产业化
			B3 产业化程度	5	高	一般	低
	C 专利市场价值	15	B4 农业现代化促进程度	3	巨大	较大	一般
			C1 市场应用及前景	7	已应用	未应用，前景好	未应用，前景差
			C2 社会效益	3	显著	较显著	一般
			C3 经济效益	5	显著	较显著	一般
	D 专利实施风险	15	D1 技术整合风险	5	相关技术完善	相关技术的开发存在一定的难度	相关技术尚未出现
			D2 现有市场竞争风险	6	市场中竞争对手数量较少，且实力无明显竞争优势	市场中竞争对手数量较少，但竞争优势较明显	市场中竞争对手数量较多，且竞争优势明显
			D3 技术开发风险	4	技术开发投入低，风险小	技术开发投入中等，风险较小	技术开发投入高，风险大

表5-2　涉农专利推广价值评价指标（数据客观评价—定量判断）

评价分类	一级指标	权重	二级指标	权重	三级指标及分值		
					5	3	1
数据客观评价（25分）	E 专利权保护质量	25	E1 地域保护范围	6	3国以上	2国申请	仅在本国申请
			E2 技术保护范围	5	10项及以上	4~9项	1~3项
			E3 技术覆盖范围	2	5个及以上	3~4个	1~2个
			E4 专利维持有效时间	6	7年及以上	4~6年	1~3年
			E5 专利被引用次数	6	5次及以上	3~4次	0~2次

计算公式：专利推广价值评价得分＝Σ（每项三级指标得分 × 权重 ÷ 5）

备注："—"表示此栏栏无须填写

表5-3　二级评价指标解释

一级指标	二级指标	定义	评判标准
A 专利技术质量	A1 先进性	专利技术在评价时与本领域的其他技术相比是否处于领先地位	从解决问题、技术手段和技术效果方面进行评价
	A2 成熟度	专利技术在评价时是否已达到应用与实践标准	从专利技术所处的发展阶段进行评价，是产品级还是产业级、方案级等
	A3 适用范围	专利技术可以独立应用的领域	从专利说明书的背景技术对技术问题的描述以及独立权利要求进行评价
	A4 配套技术依存度	专利技术是否可以独立应用到产品，还是依赖于其他技术才可实施	从专利说明书的背景技术的背景状况及技术发展状况评价
	A5 可替代性	专利技术在评价时，是否存在解决相同或类似问题的替代技术方案	通过检索与分析解决相同问题或类似问题的背景技术以及引用本专利的后续专利等进行评价

（续表）

一级指标	二级指标	定义	评判标准
B 专利产业化	B1 社会经济发展相关度	专利技术所属产业与社会、经济、科技发展的紧密程度以及整个产业的发展趋势	从专利技术是否属于国家、地方政府所鼓励和扶持的重点产业、专利技术所属产业是朝阳产业、成熟产业还是夕阳产业等方面进行评价
	B2 产业化能力	专利技术规模化生产的可能性	从专利技术自主转化或通过专利许可转让形成规模生产、规模经济等方面的可能性进行评价
	B3 产业化程度	专利技术规模化应用的程度	从专利技术应用的规模、产生的经济效益、对产业的贡献率等方面进行评价
	B4 农业现代化促进程度	专利技术对农业现代化起到的促进作用	从专利技术是否属于高精尖技术、是否能够促进农业现代化的进程等方面进行评价
C 专利市场价值	C1 市场应用前景	专利技术的市场占有份额及前景	从专利技术是否已在市场上投入使用、市场占有率如何以及将来在市场上应用前景等方面进行评价
	C2 社会效益	专利技术应用所带来的社会贡献净额	从专利技术对社会发展的推动作用、尤其是对产业结构调整、优化及升级的推动作用等方面进行评价
	C3 经济效益	专利技术应用所带来的经济增长收益	从专利技术实施过程中带来的经济价值等方面进行评价
D 专利实施风险	D1 技术整合风险	专利技术所依赖的相关技术完备的程度对专利技术实施带来的风险	从专利技术所依赖的相关技术是否存在和完善方面进行评价
	D2 现有市场竞争风险	专利技术投入市场，因竞争实力、竞争对手等带来的风险	从市场中竞争对手的多少，且竞争对手是否具有竞争优势等方面进行评价
	D3 技术开发风险	专利技术实施开发投入的风险	从实施该专利技术开发投入的多少等方面进行评价
E 专利权保护质量	E1 地域保护范围	专利技术申请保护的国家范围	从同一个发明专利在多少个国家提交专利申请等方面进行评价

（续表）

一级指标	二级指标	定义	评判标准
E 专利权保护质量	E2 技术保护范围	专利保护的权利广度和深度。广度指一项权利要求本身的保护范围；深度是一项专利进行分层级的体现	专利技术保护范围由权利保护的权利要求来进行限定，反映专利保护的权利要求的数量进行评价。通过一项专利在专利说明书中权利要求进行评价
	E3 技术覆盖范围	IPC分类号根据发明创造的技术主题进行分类，一项专利所覆盖的IPC分类号的个数反映了该专利技术覆盖范围的广度	通过一项专利在专利说明书中IPC分类号覆盖的个数进行评价
	E4 专利维持有效时间	专利从申请日或者授权之日至无效、终止、撤销或届满之日的实际时间	专利维持需要交纳维持费，只有具有较高技术含量利经济价值的专利才会一直予以维护。通过专利从申请日或者授权之日至实际的实际时间，无效、终止、撤销或届满的实际时间进行评价
	E5 专利被引用次数	某一专利被后续专利引用的次数	一项重要的专利出现以后，会伴随出现大量的改进专利产生，这项重要专利会被改进专利重复引用。通过专利被引用的次数多少来进行评价

第 六 章
推动涉农专利转化的对策建议

基于北京市涉农专利分析结果，结合国内外专利技术转化模式、政策和涉农专利转化典型案例的启示，提出如下推进涉农专利成果转化的政策建议。

一、加强涉农领域科技创新及转化政策的引导和支持

政府部门应当通过制定政策法规、科研计划、专项基金、奖励政策和优惠措施等激发涉农领域从业人员的科技创新动力和积极性，鼓励农业领域的创新性研究及成果转化，鼓励创新成果取得专利权，尤其是高水平高质量的发明专利，以科技创新的需求和知识产权布局的需求带动专利的获得和转化。针对发展前景好、研究基础较弱、当前市场需求尚不明晰的涉农领域行业，政府层面应当出台针对性的政策来引导相关行业的科技创新和专利申请，发挥政策导向作用，来缓解北京市涉农专利在行业分布层面的不均衡性。此外，注重相关政策制定的同时，应当加强相关政策的宣传和落实。以专利申请为例，应当面向涉农领域从业人员强化我国专利费用减缓办法等资助政策的宣传，使其了解我国在专利申请、审查及授权全过程的费用减缓政策，缓解其在专利维护方面的资金不足，减少专利维护成本。

二、加强对涉农专利的管理

注重涉农领域从业人员的知识产权意识培养，提升其知识产权保护意识。国家层面应当制定促进知识产权保护的政策及配套制度，加强知识产权相关法

律法规的宣传，提供形式多样的知识产权公共服务，提升涉农领域从业人员的知识产权保护意识；高校、科研院所、企业层面应当根据实际组织开展知识产权法律法规的学习活动，为广大师生员工、科研人员开设多种形式的知识产权讲座，利用单位网站、宣传栏、展板、宣传手册等宣传工具开展知识产权宣传活动，使单位领导和科研人员充分认识到农业知识产权保护在科技创新和发展中的重要作用，激励和引导科技人员创造更多的智力劳动成果，推动农业科技创新。

提高涉农领域创新主体的知识产权管理能力。农业类高校、科研院所和企业作为涉农领域科技创新的主体，加强知识产权意识的培养的同时，更应注重专利的申请和管理，及时高效地对已有创新成果进行专利挖掘和布局，避免因未缴年费、专利申请公布后未及时答复审查意见等管理方面的原因导致的专利失效。建议农业类高校、科研院所和企业应当设立专人专岗或者专职部门研究管理本机构的专利相关工作，明确相应的管理职责，在机构内建立完善的知识产权管理制度，规范日常知识产权管理流程，提高整体知识产权管理水平。

探索建立一套科技成果分类分级管理评价体系。科技成果的分类管理主要体现在科技成果的分类评价标准以及多元化的转化方式决策。对于具有公益性的科技成果，应以其产生的社会效益为评价标准，因其公益性可以考虑通过政府采购、无偿转让等方式来推动此类科技成果的转化，使其效益最大化；对于具有市场化前景的科技成果，应以其产业化及所产生的经济效益为评价标准，对于这类成果，应当结合市场环境和需求，使科技成果与市场对接，从而实现科技成果的转化。科技成果分级管理主要体现在科技成果的价值评价指标体系及对应管理决策。以专利为例，通过专利价值评价体系对某一科研院所的专利进行定期评价，将其专利划分不同等级，如核心专利、重点专利、一般专利等，针对不同等级的专利作出维护或者放弃的决策。一方面实现了对本单位专利的质量摸底；另一方面也做到了有的放矢，提高了知识产权管理水平，节约了知识产权维护成本。

三、提高涉农专利的质量

推动科研评价体制的改革，评价考核指标由量向质的转变。协调科技、教育、人保等部门，共同推动科研评价体制改革。专利只有经历了从授权到应用、产业化等一系列过程的成功，才能称之为"创新"的有效专利，因此，应当引导科研评价考核指标由量向质的转变，应变重数量为重质量、变重申请为重授权、变重拥有为重转化，将科技成果转化情况作为对相关单位及人员评价、职称评定、科研资金支持的重要内容和依据，将其纳入岗位管理和考核评价制度中，并逐步建立有利于促进科技成果转化的绩效考核评价体系，引导农业科研单位和高校树立正确的专利申请观念，改变过去单纯为项目申报专利、为职称申报专利和为奖励申报专利的情况，提高优质、可转化专利的申报比例，使专利制度能发挥其激励创新的根本作用。

提升科研的创新性和实用性，减少科研立项的盲目性和主观性。基础性的前沿研究应通过第三方情报机构的查新和论证，瞄准世界前沿，获得原创性的核心技术，避免低水平重复研究，提升科研的创新性和实用性。应用性研究应来自企业产业发展和市场化的需求，强调实用价值和可转化性，使科研成果能够落地，转化为生产力。

四、促进涉农专利的转化

建立部门联动的专利转化促进机制。以北京为例，协调北京市知识产权局、市发展和改革委员会、市科学技术委员会、市财政局、市经济和信息化委员会等部门，强化责任落实，完善相互支持、密切协作、运转顺畅的工作机制，充分发挥部门联动作用，建立健全涉农专利政策体系、专利质量保障体系、专利运用支撑体系、专利行政执法体系、专利行政管理体系、专利信息服务体系和专利人才体系，积极构建良好的涉农专利事业发展环境，提高涉农专利转化水平，推进优质涉农专利转化工作的有序开展。

探索构建多种产学研合作模式。当前，以科研机构和高校为代表的学术界是涉农领域科技创新的主体，掌握着涉农领域前沿的科研成果，以企业为主体的产业界处于市场的最前线，对市场需求有精准的把握。通过制定实施有关计划和奖励政策，积极鼓励学术界与产业界合作，充分发挥科研机构及高校科技创新优势，探索建立由高校、研究机构和企业共同组成的新技术产业联盟或战略合作伙伴等多种产学研合作模式，推进产学研一体化进程，形成良好的产学研合作运行机制，发挥科研机构和高校的人才、技术优势，鼓励企业在研究开发方向选择、项目实施和成果转化应用中发挥主导作用，从而实现优势互补，优化资源配置，提升科技成果与市场需求的切合程度。推进产学研一体化进程，通过产学研合作，企业可以及时掌握科技创新领域最新的信息和技术，不断增强企业自主创新能力和市场竞争力；高校和科研机构可以实践一些科技成果，加速科技成果的转化，实现专利技术的产业化，增加技术的实用性和市场价值，实现学术界与产业界的双赢，以实现专利技术的产业化。此外，通过联盟资源整合，增强企业自主创新能力，推动其加快成为技术创新主体，从而提升专利成果与市场需求的切合程度。

加强优质涉农专利的宣传推广。搭建涉农专利信息服务平台，建立涉农专利信息资源库，实现涉农专利检索、分类导航、专利浏览、专利评价、优质专利推荐、法律法规介绍等功能，通过平台的示范与推广，拓展大众对涉农技术的认知度，为相关部门推进优质专利转化提供决策支撑，为专利技术的供给方和需求方搭建沟通的桥梁，以促进专利技术交易和转化应用。探索搭建涉农专利交易服务平台，建立以涉农专利信息服务与交易服务为主要内容，以涉农专利信息检索分析、评估、交易、保护等为服务手段，通过"自助式线上推介和网上主动推送"相结合的农业专利推介服务模式，实现涉农专利检索、专利供求信息发布、专利价值评估、专利转移与交易服务、专利技术咨询与培训、全程在线交易等功能，为涉农专利交易提供专业化、全方位的服务支持。此外，充分发挥北京种子大会、北京农业嘉年华、中国国际现代农业博览会等平台作用，支持科研机构通过国际国内展会平台对外展示科技成果，寻求科技合作机会，促进科技成果交易转化。

扶持企业逐步成为创新主体。对涉农企业进行摸底调查，遴选出优势企业，建立企业信息库，对具备创新能力的企业通过政策和资金的支持使其成长为创新的主体，对尚不具备创新能力的企业，应了解其技术研发需求，政府搭台牵线，将科研院所和高校的人才资源、科技资源、尖端技术引入，强化企业科技创新实力，同时，解决成果落地和企业发展的问题，实现共赢。

五、建立涉农专利价值评价体系

开展相关的理论和实践研究，对专利按可立即转化专利、外围专利、前瞻性专利进行区分，从专利技术质量、专利产业化、专利市场价值、专利实施风险和专利权保护质量等方面，建立综合性的评价指标体系，结合专家主观评价和数据客观评价，对涉农专利的价值进行评估，进而遴选一批有应用前景的专利技术加以支持，以增强专利转化促进工作的针对性，提高涉农领域专利应用水平。在推动优质专利转化的同时，加大对专利申请单位的科研支持力度，鼓励其研发更多具有推广价值和应用前景的专利成果。

附　录

2-1　涉农专利范畴分类表

涉农专利分类类	中国专利范畴分类 一级类目	中国专利范畴分类 二级类目	IPC分类号	备注
食品	11 食品	A. 食品；食品加工方法 B. 饮料；冷饮；饮用酒 C. 调味品；添加剂 [* 鸡精；味精] D. 食品加工设备 [* 干果；炒货；休闲食品] E. 食品的保存和检验 [* 食品保鲜] F. 蔬菜和水果的保鲜 [* 催熟] G. 营养；保健；滋补 P. 其他 [* 食品包装]	A23L1、A23F3、B65D、A47J3、A23B7、C12G、A23C	无
	14 日用轻、化工产品	C. 食盐 G. 油脂 [* 食用油]	A23D9、A23L1、A23D7	无
种植业	12 农林；畜牧；水产	A. 农业；林业；植物（包括茶叶）	A01G9、A01G1、A01H、A01C、A01D、A01B	无
养殖业	12 农林；畜牧；水产	B. 畜牧；兽医 [* 养蜂；养蚕；养殖；动物新品种]	A01K67、A01K1、A61D、A01M29、A61K31	无
水产业	12 农林；畜牧；水产	C. 水产 [* 养殖；捕捞]	A01K63、A01K61	无
饲料	12 农林；畜牧；水产	D. 饲料	A23K1、A23N17	无
肥料	12 农林；畜牧；水产	E. 肥料	C05、A23B7、B09B3	无
化学投入品	12 农林；畜牧；水产	F. 农药；杀虫；除莠 [* 杀虫剂；杀虫设备、生长剂]	A01M1、A01N	无

2-1 涉农专利范畴分类表

涉农专利分类	中国专利范畴分类 一级类目	中国专利范畴分类 二级类目	IPC分类号	备注
食品	11 食品	A. 食品；食品加工方法 B. 饮料；冷饮；饮用酒 C. 调味品；添加剂 [* 鸡精；味精] D. 食品加工设备 [* 干果；炒货；休闲食品] E. 食品的保存和检验 [* 食品保鲜] F. 蔬菜和水果的保鲜 [* 催熟] G. 营养；保健；滋补 P. 其他 [* 食品包装]	A23L1、A23F3、B65D、A47J3、A23B7、C12G、A23C	无
	14 日用轻、化工产品	C. 食盐 G. 油脂 [* 食用油]	A23D9、A23L1、A23D7	无
种植业	12 农林；畜牧；水产	A. 农业；林业；植物（包括茶叶）	A01G9、A01G1、A01H、A01C、A01D、A01B	无
养殖业	12 农林；畜牧；水产	B. 畜牧；兽医 [* 养蜂；养蚕；养殖；动物新品种]	A01K67、A01K1、A61D、A01M29、A61K31	无
水产业	12 农林；畜牧；水产	C. 水产 [* 养殖；捕捞]	A01K63、A01K61	无
饲料	12 农林；畜牧；水产	D. 饲料	A23K1、A23N17	无
肥料	12 农林；畜牧；水产	E. 肥料	C05、A23B7、B09B3	无

（续表）

涉农专利分类	中国专利范畴分类 一级类目	中国专利范畴分类 二级类目	IPC分类号	备注
化学投入品	12 农林；畜牧；水产	F. 农药；杀虫；除莠 [* 杀虫剂；杀虫设备、生长剂]	A01M1、A01N	无

（续表）

涉农专利分类	中国专利范畴分类 一级类目	中国专利范畴分类 二级类目	IPC分类号	备注
	23 化学物理工程和设备	A. 分离；混合 B. 喷雾；喷涂；蒸发 C. 催化 [* 催化剂] D. 电化学工艺和电泳 E. 化学、物理工艺和设备（包括实验室设备） F. 液体、气体的贮存和输配（燃料的贮存和输配入 "22C"） G. 非金属材料的表面处理 P. 其他	B01J, B05B, B01D, C12M1	
农业机械	27 机械元件	A. 紧固件 [* 如钉；簧环；夹；卡箍；楔；螺栓；连接件] B. 轴；轴承 [* 仅受转动影响的转动元件] C. 联轴器；离合器；制动器；弹簧；减震装置 [* 减振装置] D. 传动机构；传动元件 [* 传动带、链、绳] E. 活塞；缸；密封；旋塞 [* 压力容器] F. 阀门；龙头、旋塞 [* 浮子] G. 管；管子接头或弯管件 [* 管道系统] H. 润滑装置；非专用设备的框架、外壳、底座、支架 J. 液体压力执行机构；液压技术；气动技术	B60K, F16H, B62D, F16K, F16J, F16L	无
	28 发动机；泵	A. 一般发动机 B. 燃烧发动机 C. 流体机械和液力发动机（例如，风力；水力等） D. 泵；压缩机	F04D, F04B, F03D, F03B	

（续表）

涉农专利分类	中国专利范畴分类 一级类目	中国专利范畴分类 二级类目	IPC分类号	备注
农业机械	29 压力机；印刷	A. 压力机 C. 打字机；复印机；打印机	B30B、A01F15、A01B79	无
	32 交通；运输	A. 铁路机车、车辆 B. 机动车辆（如汽车、摩托车；电动车辆 C. 非机动车（如自行车、手推车等） D. 船舶；水下作业；潜水 E. 航空；航天 F. 传送；升降；装卸；卷扬 [* 吊装、输送管] G. 通用零件和设备；轮胎 P. 其他	B60K、B64F1、B65G、B62D、B62B、B60B、B60P	
	36 建筑工程	A. 公路；铁路；桥梁 B. 水利；给排水 C. 一般房屋建筑（如墙、屋顶）[* 构筑物] D. 建筑构件 [* 建筑材料] E. 通用施工设备和工具 F. 门；窗；锁 P. 其他 [* 测量；工程清洗]	E04B、E02B、E04F、E01C、E06B、B64F1	
生物技术	18 有机化学（除非有明确指示，分类按技术主题所涉及有机物的结构，遵循最后位置规则）	A. 脂肪族 B. 脂环族 C. 杂链有机化合物（即主链中除C以外，还含有O、N、S、Te中的一种或几种） D. 杂环（即环中除C以外，还含有O、N、S、Se、Te中的一种或几种）	C12N、C12Q1、G01N3、C07K1、C12M1、A01H4、A01H1、C07C、C07D、C07F、A61K3	无

（续表）

涉农专利分类	中国专利范畴分类 一级类目	中国专利范畴分类 二级类目	IPC分类号	备注
生物技术	18 有机化学（除非有明确指示，分类按技术主题所涉及有机物的结构，遵循最后位置规则）	E. 含有其他元素的有机化合物（含除C、H、卤素、O、N、S、Se、Te以外其他元素的有机化合物） F. 混合物；组合物 G. 天然有机化合物 H. 微生物；酶；遗传工程 P. 其他（未知结构）	C12N、C12Q1、G01N3、C07K1、C12M1、A01H4、A01H1、C07C、C07D、C07F、A61K3	无
能源与环境	22 石油；燃料；能源	A. 石油、天然气的勘探和开采 B. 石油产品加工和贮存 C. 石油及其非固体燃料的运输和贮存 [* 液化罐测试] D. 润滑剂 E. 非石油来源的产品（例如，煤） F. 核能；核燃料；核技术 G. 辐射能（包括各种射线技术和设备）[* 太阳能；光能] H. 节能 P. 其他 [* 例如，清洁能源；复合燃料；天然沥青等]	C10B53、A01M29、F24J2、G01N33	
	37 电力；电机	A. 电机（发电机入37B） B. 发电 C. 配电；变电；供电；电源 D. 电缆或电线的安装 P. 其他（如电的贮存）	H02J、H02B、H02P、H02N、H02K	无
	41 环境保护	A. 固体废物的处理 B. 废水、废液、废气处理 [* 一般水处理] C. 放射性物质；噪音、振动等公害的控制 D. 旧物质的回收利用 E. 环境保护、监测；环境美化 P. 其他	A23K1、C02F、C05F、B09B3	

（续表）

涉农专利分类	中国专利范畴分类 一级类目	中国专利范畴分类 二级类目	IPC分类号	备注
农业信息化	31 测量; 测试	A. 钟表; 计时器 B. 尺寸; 距离; 面积; 方位测量 [位移、指南针、经纬仪、导航仪、陀螺仪; 角度; 变形、垂直、水平、曲率] C. 温度; 声波; 振动; 光测量 [热量、光谱、可见光、比色法; 偏振] D. 速度; 线速度; 加速度; 冲击测量 [运动、动态、动量] E. 化学或物理性能测定 [机械强度、比重、颗粒效应、渗透性; 摩擦; 可塑性; 流动特性、耐候性] F. 测量电变量; 测量磁变量 [电流、电压、电功率、频率、电阻、电抗、阻抗、磁场、磁通量] G. 无线电; 辐射; 地球物理; 重力; 气象 [探矿、测绘图、雷达、水、雨量计、云量、风速] H. 重量; 容量; 体积; 流量 [三表:电表、水表、气表] J. 静力; 动力 [应力、转矩、扭矩、应变、惯量、平衡、机械功率、机械效率、流体压力] P. 其他 [校验、校正、密封性、非特定变量]	G01N、G01B、G01D、G05B、G01K、G05D	满足范畴号11或12与31交叉复合的专利
	33 安全; 保护	C. 发信号或呼叫装置; 报警装置	G08B、G08C	
	38 电子元件; 电子线路	A. 导体; 绝缘体; 电线; 电缆 B. 磁铁; 变压器; 电容器; 电感器; 变流器; 整流器; 传感器; 电阻器 C. 开关; 继电器; 保护装置 [*稳压; 调压; 断路; 接触器] E. 印刷电路; 连接器; 汇流器 [*接地; 集电] F. 半导体器件 G. 电池; 波导; 天线 H. 激光器; 放电器 [*火花塞; 避雷] J. 脉冲技术; 放大; 振荡和调制; 解调 K. 阻抗网络; 谐振电路; 谐振器	G01M、G05、H01、H02	

涉农专利分类	中国专利范畴分类 一级类目	中国专利范畴分类 二级类目	IPC 分类号	备注
农业信息化	39 通讯；其他电技术	A. 电报；电话 [* 对讲] B. 广播；传输 [* 收音机，耳机] C. 无线电技术；声音/图像的记录和传真 [* 助听；扬声器] D. 其他类不包括的电技术及其应用	H04、G06T	无
	40 计算机和自动化技术	A. 计算机 B. 数据处理及显示 C. 信息存储；编码 D. 计算机外部设备 E. 生产，操作的自动控制 [* 机械手] F. 工商，交通，服务的自动控制（包括核算装置）[* 售货装置；票证；便币；钱币]	G05B19、G06K9、G06F17、G06K9、G06Q10	
其他	16 医疗；卫生；消防	A. 医疗器械 B. 医疗用品和材料 C. 医学检测方法和设备 [* 免疫；生物] D. 药品 F. 消毒（包括除臭） G. 卫生用品，材料和设备（包括厕所便器） H. 救生；消防 P. 其他 [* 殡葬用具]	A61K36、A61K31、A61K9、A61K39	无
	17 聚合物（除非有明确指示，分类按技术主题所涉及聚合物的结构，遵循最后位置规则）	A. 开链烃聚合物 C. 杂链烃聚合物（即主链中除C以外，还含有O，N，S，Se，Te中的一种或几种） F. 组合物 K. 橡胶加工 M. 天然聚合物加工 N. 一般加工	C08	

参考文献

《北京市促进科技成果转移转化行动方案》.

　http://www.bjkw.gov.cn/art/2016/11/2/art_114_1508.html.

陈丽珍，郑玉，罗海燕等 . 2014. 农业科研单位知识产权保护现状及建议 [J]. 现
　代农业科技，17：332-333.

《促进科技成果转移转化行动方案》相关政策解读 .

　http://mt.sohu.com/20160519/n450276351.shtml.

杜丽珍 . 2010. 农业知识产权产业化模式研究 [D]. 陕西：西北农林科技大学，
　29-33.

杜跃平，薛欢 . 2014. 专利产出、专利转化与高技术产业发展——基于我国 30
　个省际面板数据的实证分析 [J]. 科技和产业，10：8-91.

法律出版社法规中心 . 2014. 中华人民共和国专利法注释本 [M]. 北京：法律出
　版社，5.

付俊超 . 2013. 产学研合作运行机制与绩效评价研究 [D]. 武汉：中国地质大学，
　98-101.

《关于深入推进农业供给侧结构性改革加快培育农业农村发展新动能的若干意见》.

　http://www.scio.gov.cn/xwfbh/xwbfbh/wqfbh/35861/36213/xgzc36219/Document/
　1541438/1541438.htm.

国家知识产权局 2016 主要工作统计数据发布 .

　http://mt.sohu.com/20170119/n479138984.shtml.

国家知识产权局专利管理司，中国技术交易所 . 2012. 专利价值分析指标体系操
　作手册 [M]. 北京：知识产权出版社，10.

国务院关于印发"十三五"国家科技创新规划的通知.

　http://www.most.gov.cn/mostinfo/xinxifenlei/gjkjgh/201608/t20160810_127174.htm.

国务院关于印发"十三五"国家战略性新兴产业发展规划的通知.

　http://www.gov.cn/zhengce/content/2016-12/19/content_5150090.htm.

国务院关于印发"十三五"国家知识产权保护和运用规划的通知.

　http://www.gov.cn/zhengce/content/2017-01/13/content_5159483.htm.

国务院关于印发实施《中华人民共和国促进科技成果转化法》若干规定的通知.

　http://www.most.gov.cn/tztg/201603/t20160303_124393.htm.

韩亮. 2013. 高校专利转化问题及对策研究 [J]. 产业与科技论坛, 12（17）:173–
　174.

韩夏. 2011. 专利技术转移中政府的职能分析 [D]. 南京师范大学.

贺德方. 2011. 对科技成果及科技成果转化若干基本概念的辨析与思考 [J]. 中国
　软科学, 11:5–7.

贺化. 2011. 充分利用专利制度加快转变经济发展方式 [J]. 中国党政干部论坛,
　5：8–10

胡倬. 2002. 初探专利制度对世界经济发展的贡献 [J]. 知识产权,（5）：14–19.

姜一. 2017. 美 – 日大学技术转移的比较与启示 [J]. 数字与缩微影像, 1：41–43.

科企"杂交"顶起杂交小麦种业.

　http://news.aweb.com.cn/20130402/529598516.shtml.

李铭霞, 吕旭峰. 2015. 美国斯坦福大学技术许可办公室的使命与专业化管理
　[J]. 世界教育信息, 21：31–35.

李晓慧, 贺德方, 彭洁. 2016. 英国促进科技成果转化的政策及经验 [J]. 科技与
　经济, 29（4）：17–19.

李晓慧, 贺德方, 彭洁. 2016. 美国促进科技成果转化的政策 [J]. 科技导报, 34
　（23）：138–139.

梁謇. 2014. 发达国家专利技术转化模式及其借鉴 [J]. 哈尔滨学院学报, 12：
　19–21.

林耕, 张若, 陈靖. 2008. 北京专利技术转移状况分析及建议 [J]. 科学观察. 3
　（2）：12–18.

刘洋．2009. 正确利用专利制度促进经济发展 [N]. 知识产权报，04，27.

陆萍，柯岚馨．2012. Innography 在学科核心专利挖掘中的应用研究 [J]. 图书馆工作与研究，198（8）：122-125.

栾春娟，郑保章．2009. 全球专利强度计量分析与中国知识产权保护 [J]. 科技与经济，2：55-58.

凝聚农业"调转节"的科技力量——北京市农林科学院服务农业发展方式转变纪实．

　http://www.yingkounews.com/shehui/sannong/xxsd/201509/t20150921_939310.html.

饶凯等．2011. 英国大学专利技术转移研究及其借鉴意义 [J]. 中国科技论坛，2：148-154.

孙涛涛，唐小利，李越．2012. 核心专利的识别方法及其实证研究 [J]. 图书情报工作，56（4）：80-84.

汤森路透．2015. 创新在中国 中国专利活动发展趋势与创新的全球化 [J]. 科学观察，2：48-61.

唐宝莲，潘卫．2013. 发明专利产业化筛选评价指标体系研究 [J]. 情报杂志，（7）：27-30

万小丽．2013. 专利质量指标研究 [M]. 北京：知识产权出版社，1.

王澄．2011. 专利保护制度在国家经济发展中的定位 [J]. 知识产权，6：53-57.

王丽颖，王劲松，王其文．2010. 1997-2009 年中国各地区专利与经济发展关系研究 [C]. 第五届（2010）中国管理学年会——技术与创新管理分会场论文集．

王谋勇．2010. 美国大学技术许可办公室高效运行的关键因素分析及对我国的政策启示 [J]. 科技进步与对策，27（12）：35-40.

王胜利，刘义．2010. 图解专利法－专利知识 12 讲 [M]. 北京：知识产权出版社，8.

吴红．2009. 论地方政府在专利工作中的角色定位——从地方政府的专利资助政策谈起 [J]. 科技管理研究，（2）：243-245.

吴建新．2008. 开放经济条件下的研发、专利与中国经济增长 [J]. 世界经济研究，3：9-12.

吴卫红，董诚，彭洁等．2015. 美国促进科技成果转化的制度体系解析 [J]. 科技管理研究，14：18-19.

杨国梁 .2011. 美国科技成果转移转化体系概况 [J]. 科技促进发展，9：91-92.

杨哲，张慧妍，徐慧 . 2012. 韩国高校科技成果转化研究——以"产学研合作基金会"为例 [J]. 中国高校科技，11：11-13.

俞风雷，王颖 .2011. 我国大学技术转移制度研究 [J]. 科技与法律，94（6）：7-8.

翟勇，陈琴苓，张新明等 . 2007. 我国公益性农业科研的主要特征及管理机制研究（一）[J]. 农业科技管理，26（6）：5-8.

翟勇，陈琴苓，张新明等 .2008. 我国公益性农业科研的主要特征及管理机制研究 [J]. 农业科技管理，7（1）：9-15.

张继红，吴玉鸣 .2007. 专利产出与区域经济增长的动态关联机制分析 [J]. 工业工程与管理，2：45-50.

张平，黄贤涛 .2011. 高校专利技术转化模式研究探析 [J]. 中国高教研究，（12）：38-41.

张其香，武学超 .2016. 国外大学技术转移扶持政策研究综述措施、效果与启示 [J]. 情报杂志，35（6）：1-8，18.

张雪 .2013. 加强我国农业知识产权的思考与建议 [J]. 农业经济，4：112-113.

赵亚娟，董瑜，朱相丽 . 2006. 专利分析及其在情报研究中的应用 [J]. 图书情报工作，50（5）：19-22

郑瑶 . 2011. 我国专利申请量与国民经济增长的关系研究 [J]. 河南科技，1：52-53.

中国农业科学院农业知识产权研究中心 . 2014. 中国农业知识产权创造指数报告（2014 年）[R].

中华人民共和国促进科技成果转化法（2015 年修订）. http://www.most.gov.cn/fggw/fl/201512/t20151203_122619.htm.

周清杰，杨芬 .2012. 专利制度与中国生物制药产业发展 [J]. 管理现代化，6：52-54.

朱崇开 . 2010. 德国基础科学研究的中坚力量——马普学会 [J]. 1983-2012 学会杂志论文选，3：61-62.

庄宇，管述学 . 2007. 中国专利产出与人均 GDP 的相关性分析 [J]. 情报杂志，2：105-106.

Charles E. Eesley, William F. 2012. Miller. Impact: Stanford University's Economic Impact via Innovation and Entrepreneurship[R]. Stanford University.

Chris P. Knight. 2010. Failure to Deploy: Solar Photovoltaic Policy in the United States. State of Innovation: The U.S. Government's Role in Technology Development [M].Paradigm Publishers.

JALLEs J T. 2010. How to measure innovation? New evidence of the technology growth linkage[J]. Research In Economics, 64 (2): 81-961.

YANG C H. 2006. Is innovation the story of Taiwan economic growth?[J]. Journal of Asian Economics, 17 (5): 867-878.